畜禽标准化养殖主推技术系列

生猪

标准化养殖主推技术

卞桂华 朱云干 李滋睿 主编

中国农业科学技术出版社

图书在版编目（CIP）数据

生猪标准化养殖主推技术／卞桂华，朱云干，李滋睿主编．—北京：中国农业科学技术出版社，2016.5

ISBN 978 - 7 - 5116 - 2583 - 0

Ⅰ.①生… Ⅱ.①卞…②朱…③李… Ⅲ.①养猪学 - 饲

Ⅳ.①S828

中国版本图书馆 CIP 数据核字（2016）第 078043 号

选题策划	李金祥　闫庆健
责任编辑	闫庆健
责任校对	贾海霞

出 版 者	中国农业科学技术出版社
	北京市中关村南大街 12 号　邮编：100081
电　　话	(010)82106632(编辑室)　(010)82109702(发行部)
	(010)82109709(读者服务部)
传　　真	(010)82106625
网　　址	http://www.castp.cn
经 销 者	各地新华书店
印 刷 者	北京华正印刷有限公司
开　　本	850mm ×1 168mm　1/32
印　　张	6.375
字　　数	158 千字
版　　次	2016 年 5 月第 1 版　2016 年 5 月第 1 次印刷
定　　价	26.00 元

序

    我国是畜牧业生产大国。经过多年的发展，畜牧业培育了比较充足的生产能力，建立了充满活力的发展机制和稳定可控的质量安全系统，形成了较为完善的畜牧业政策体系，为建设现代畜牧业奠定了坚实基础。"十三五"是我国进入全面建成小康社会的决胜阶段，保障肉蛋奶有效供给和质量安全、推动种养结合循环发展、促进养殖增收和草原增绿，任务繁重而艰巨，面临着诸多亟待解决的问题：畜产品消费增速放缓使增产和增收之间矛盾突出，资源环境约束趋紧对传统养殖方式形成了巨大挑战，廉价畜产品进口冲击对提升国内畜产品竞争力提出了迫切要求，食品安全关注度的提高使畜禽产品质量安全监管面临着更大的压力。因此，如何正确判断形势，充分发挥科技支撑在产业发展中的作用，提高现代农业技术的推广速度，解决畜牧业生产中的各种问题是广大科技工作者和农技推广者面临的重大课题。

    "十二五"期间，为加快推进畜禽标准化规模养殖，加快转变畜牧业生产方式，不断提升畜禽养殖生产水平，农业部从解决我国畜牧业发展过程中长期积累的矛盾着手，制定了提高标准化规模养殖水平的畜禽发展战略并开展了以畜禽良种化、养殖设施化、生产规范化、防疫制度化和粪污无害化为主的畜禽养殖标准化示范创建活动。2010—2015 年，共创建畜禽养殖标准化示范场 4 039 家，畜禽产量、质量和效益明显提高，生态、经济、社会三大效益显著，发挥了良好的示范效果和带动效应，增强了农民标准化意识，深受广大养殖户的欢迎。

2016 年，农业部提出继续开展畜禽养殖标准化示范创建活动，计划再创建 500 个畜禽标准化示范场。为了配合农业部畜禽养殖标准化示范创建活动，进一步提升畜禽规模化养殖生产水平，中国农业科学技术出版社组织专家编写了《畜禽标准化养殖主推技术丛书》。该套丛书紧紧围绕"五化"主推技术，图文并茂，深入浅出地解析了畜禽标准化规模养殖技术，总结标准化示范场的先进经验，重在解决转变畜牧业发展方式过程中存在的一些共性问题和难点问题；有针对性地介绍了不同地域、不同养殖规模的畜禽养殖主推技术模式。相信该套丛书的出版对提高我国畜禽标准化规模养殖水平、增强和稳定我国畜禽产品市场供给能力、减少重大疫病发生、提升畜禽产品质量安全水平等发挥积极的作用。

丛书的作者主要来自国家畜禽产业技术体系、中国农业科学院北京畜牧兽医研究所、山东省农业科学院家禽研究所、山东农业工程学院、山东省农业科学院畜牧兽医研究所、江苏农牧科技职业学院、安徽科技学院等多个单位的一线专家和学者，在此向笔耕不辍、辛勤付出的专家们表示敬意！

李多辉

2016 年 3 月

如何生产无公害的标准化生猪产品，已成为养猪业发展面临的重要问题，要达到活畜无传染病，产品无违禁药品、激素残留，主要品质指标达到国家食品安全指标的无公害生猪产品，已成为社会广泛关注的焦点。要真正获得无公害的标准化生猪产品，必须要进行生猪标准化养殖。控制好每一个养殖环节，只有重视养殖过程的每一个环节，才能实现生猪产业向安全、生态、高产、优质、高效的可持续发展，才能规范生猪标准化养殖技术，提高生产能力，保障猪肉市场正常供给；才能提高生产效率和生产水平，增加农民收入；才能有效提升疫病防控能力，降低疫病风险，确保人畜安全。因此，为了帮助正在养猪的养殖户和广大爱好者提高生猪标准化养殖水平，规范养猪技术，江苏农牧科技职业学院和中国农业科学技术出版社组织一批专家、学者编写了《生猪标准化养殖主推技术》，该书主要包括以下六部分内容：畜禽良种化、养殖设施化、生产规范化、防疫制度化、粪污无害化及"十二五"期间主推技术。

本书由江苏姜曲海猪种猪场（国家级）卞桂华博士担任第一主编，负责全书的提纲设计编写，同时编写序言；江苏农牧科技职业学院朱云干老师担任第二主编，编写了第　章（畜禽良种化），并最终统稿；徐春槐老师编写了第二章（养殖设施化）；广东省农科院畜牧研究所龙发种猪有限公司苏文昌老师编写了第三章（生产规范化）；江苏姜曲海猪种猪场许琴瑟老师编写了第四章（防疫制度化）；江苏农牧科技职业学院朱爱文编写了第五章（粪污无害化）和沈晓鹏以及天津市蓟县畜牧业发展服务中心的陶荣编写了第六章（"十二五"期间主推技术）。全书在编写过程中，力求做到图文并茂、文字简练、语言表述清晰、实用性、可操作性强，是生猪养殖场、养殖小区技术人员和生产管理人员的实用参考书。

　　本书在编写过程中得到了很多前辈的大力支持，在此不一一列举，对本书进行了审定，提出了许多宝贵的意见和建议，在此一并表示感谢！

　　由于编者水平有限，加之时间仓促，书的内容一定存在诸多问题和不当之处，敬请有关专家、同行和广大读者批评指正，不胜感激！

编者
2016 年 3 月

目　录

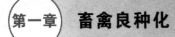

第一章　畜禽良种化

第一节　国外引进的主要猪种

一、杜洛克

　　杜洛克猪原产于美国，19 世纪 60 年代在美国东北部由美国纽约红毛杜洛克猪、新泽西州的泽西红毛猪以及康乃狄格州的红毛巴克夏猪育成的。属于脂肪型猪，为适应市场需求，后改良为瘦肉型猪，并于 1880 年建立了品种标准，是当代世界著名瘦肉型猪种之一。

　　杜洛克猪适应性强，对饲料品质要求较低，喜食青绿饲料，耐低温，对高温耐力较差（图 1 - 1）。

● （一）体态特征 ●

　　杜洛克猪原种具备毛色棕红、结构匀称紧凑、四肢粗壮、体躯深广、肌肉发达的特点，属瘦肉型肉用品种。此外，由于对白色猪的需求也开发出了白色杜洛克。这种白色杜洛克猪为杜洛克猪与白色品种的猪杂交获得。

● （二）头部特征 ●

　　头大小适中，颜面稍凹，嘴筒短直，耳中等大小，向前

图1-1 杜洛克

倾，耳尖稍弯曲，胸宽深，背腰略呈拱形，腹线平直，四肢强健。

● （三）第二性征 ●

公猪：包皮较小，睾丸匀称突出，附睾较明显。母猪：外阴部大小适中、乳头一般为六对，母性一般。

繁殖性能：母猪初情期170～200日龄，适宜配种日龄220～240天，体重120千克以上。母猪总产仔数，初产8头以上，经产9头以上；21日龄窝重，初产35千克以上，经产40千克以上。

生长发育：达100千克体重的日龄180天以下，饲料转化率1：2.8以下，100千克体重时，活体背膘厚15毫米以下，眼肌面积30平方厘米以上。

胴体品质：100千克体重屠宰时，屠宰率70%以上，背膘厚18毫米以下，眼肌面积33平方厘米以上，后腿比例32%，瘦肉率62%以上。肉质优良，无灰白、柔软、渗水、暗黑、干硬等劣质肉。

二、长白

长白猪原产于丹麦，是世界著名的瘦肉型猪种。主要优点是产仔数多，生长发育快，省饲料，胴体瘦肉率高等，但抗逆性差，对饲料营养要求较高（图1-2）。

图1-2 长白

长白猪原产于丹麦，中国自1964年开始从瑞典引进，在中国长白猪有美系、英系、法系、比利时系、新丹系等品系。生产中常用长白猪作为三元杂交（杜长大）猪的第一父本或第一母本。在现有的长白猪各系中，美系、新丹系的杂交后代生长速度快、饲料报酬高，比利时系后代体型较好，瘦肉率高。

由于长白猪在世界的分布广泛，各国根据各自的需要开展选育，在总体保留长白猪特点的同时，又各具一定特色，我国通常就按照引种国别，分别将其冠名为××系长白猪，如丹系长白猪、法系长白猪、瑞系长白猪、美系长白猪、加（加拿大）系长白猪等。其实这种命名法不尽科学，尽管来自同一国家，但是来自不同的育种公司（场），在体质外貌、生产性能方面各具特点和差别，不能用××系一概而论，因此在引进猪种时，不仅要关注种猪来自什么国家，也要了解来自什么场家，如果无法了解，需要对种猪进行现场考察。

由于历史的原因，在 20 世纪 60 年代，我国从北欧国家瑞典引进了长白猪，之后又陆续从荷兰、法国、美国等国引进长白猪，自那时起，养猪界就将来自不同国家的引进猪种冠以××（国名）系，从 20 世纪 80 年代开始，国家实施"菜篮子"和瘦肉型猪项目开始及至现今，几乎每年都有不同的场家从各国引进长白猪。

为了实施种猪的标准化管理，农业部组织了由专家、企业家等组成的长白猪种猪标准起草小组，在广泛征求意见基础上，提出了长白猪标准的报批稿，并建议将其作为长白猪种猪质量评定（销售）的标准。

长白猪体躯长，被毛白色，允许偶有少量暗黑斑点；头小颈轻，鼻嘴狭长，耳较大向前倾或下垂；背腰平直，后躯发达，腿臀丰满，整体呈前轻后重，外观清秀美观，体质结实，四肢坚实。

母猪初情期 170～200 日龄，适宜配种的日龄 230～250 天，体重 120 千克以上。母猪总产仔数，初产 9 头以上，经产 10 头以上；21 日龄窝重，初产 40 千克以上，经产 45 千克以上。

达 100 千克体重日龄 180 天以下，饲料转化率 2.8∶1 以下，100 千克体重时，活体背膘厚 15 毫米以下，眼肌面积 30 平方厘米以上。

100 千克体重屠宰时，屠宰率 72% 以上，背膘厚 18 毫米以下，眼肌面积35平方厘米以上，后腿比例32%以上，瘦肉率62%以上。肉质优良，无灰白、柔软、渗水、暗黑、干硬等劣质肉。

优缺点：长白猪具有生长快、饲料利用率高，瘦肉率高等特点，而且母猪产仔较多，奶水较足，断奶窝重较高。于20世纪60年代引入我国后，经过三十年的驯化饲养，适应性有所提高，分布范围遍及全国。但体质较弱，抗逆性差，易发生繁殖障碍及裂蹄。在饲养条件较好的地区以长白猪作为杂交改良第一父本，与地方猪种和培育猪种杂交，效果较好。

长白猪原产丹麦，是世界上第一个育成的最著名的腌肉型品种，它是丹麦本地猪与英国大白猪杂交，经过长期系统选育形成的。

长白猪全身被毛白色，头小清秀，颜面平直，耳大前倾，体躯长，背微弓，腹平直，腿臀肌肉丰满，四肢健壮，整个体型呈前窄后宽流线型。有效乳头6～8对，成年母猪体重300～400千克，成年公猪体重400～500千克。

在良好的饲养条件下，生长发育迅速，6月龄体重可达90千克以上。体重90千克时屠宰，屠宰率为70%～78%。胴体瘦肉率为55%～63%。母猪性成熟较晚，6月龄达性成熟，10月龄可开始配种，母猪发情周期为21～23天，发情持续期2～3天，初产母猪产仔数9头以上，经产母猪产仔数12头以上，60日龄窝重150千克以上。

由于长白猪生产性能高，遗传性稳定，一般配合力好，杂交效果显著。所以，在国内各地广泛用做杂交的父本，其杂种表现生长快，省饲料，胴体瘦肉率高，颇受群众欢迎。

三、大白

大白猪又称为大约克夏，原产于英国。由于大白猪，饲料转化率和屠宰率高以及适应性强，世界各养猪业发达的国家均有饲养，是世界上最著名、分布最广的主导瘦肉型猪种（图1-3）。

图1-3 大白

约克夏猪是猪的一个著名品种。原产于英国约克郡（Yorkshire，英格兰东北部的一个旧郡，1974年分割为North Yorkshire，South Yorkshire及West Yorkshire），由当地猪与中国猪等杂交育成。全身白色，耳向前挺立。有大、中、小三种，分别称为大白猪、中白猪和小白猪。大白猪属腌肉型，为全世界分布最广的猪种。体长大，成年公猪体重300～500千克，母猪200～350千克。繁殖力强，每胎产仔10～12头。小白猪早熟易肥，属脂肪型。中白猪体型介于两者之间，属肉用型。中国饲养大白猪较多。

大约克夏猪全身皮毛白色，允许偶有少量暗黑斑点，头大小适中，鼻面直或微凹，耳竖立，背腰平直。肢蹄健壮、前胛宽、背阔、后躯丰满，呈长方形体型等特点。

繁殖性能　母猪初情期165～195日龄，适宜配种日龄220～240天，体重120千克以上。母猪总产仔数，初产9头以上，经产10头以上；21日龄窝重，初产40千克以上，经产45千克以上。

生长发育　达100千克体重，日龄180天以下，饲料转化率1∶2.8以下，100千克体重时，活体背膘厚15毫米以下，眼肌面积30平方厘米以上。

胴体品质　100千克体重屠宰时，屠宰率70%以上，背膘厚18毫米以下，眼肌面积30平方厘米以上，后腿比例32%以上，瘦肉率62%以上。肉质优良、无灰白、柔软、渗水、暗黑、干硬等劣质肉。

体型高大，被毛全白，皮肤偶有少量暗斑；头颈较长，面宽微凹，耳向前直立；体躯长，背腰平直或微弓，腹线平，胸宽深，后躯宽长丰满；有效乳头6对以上。生产性能：具有产仔多、生长速度快、饲料利用率高、胴体瘦肉率高、肉色好、适应性强的优良特点。

后备公猪6月龄体重可达90～100千克，母猪可达85～95千克。成年公猪体重250～300千克，成年母猪体重230～250千克。生长肥育猪体重30～100千克阶段，日增重750～850克，饲养利用率2.7～3.0，达100千克体重日龄160～175天。体重90千克屠宰，屠宰率71%～73%，腿臀比例30.5%～32%，背膘厚2.05～2.5厘米，眼肌面积平均32～35平方厘米，瘦肉率62%～64%，肉质优良。初产母猪产仔数 9.5~10.5 头，产活仔数 8.5 头以上，初生窝重 10.5 千克以上，35 日龄育成数 7.2 头以上，窝重 57.6 千克以上，育成率 88% 以上；经产母猪产仔数 11~12.5 头，产活仔数 10.3 头以上，初生窝重 13 千克以上，35 日龄育成数 9.0 头以上。窝重 83.7 千克以上，育成率 92% 以上。

大白猪全身被毛白色，但额角部偶见小暗斑（并非在小、中猪阶段就出现暗斑），耳大小适中直立，嘴平直，面部平或稍凹，头中等大小，下颌偶见下垂，胸宽，背腰平直，腹部发育良好但不下垂，腿臀部肌肉发达，四肢粗壮结实，整体显示"长方"体型。

大白猪的生产性能优秀：窝均产仔猪数通常都可以在 10 头以上，100 千克体重时背膘通常不超过 20 毫米，大白猪生长速度快，通常可以在生后 150~155 天达到 100 千克出栏体重，胴体瘦肉率通常都可以达到 65%。

不仅纯种大白猪生产性能优秀，当用来与其他几乎任何猪种杂交时，无论是作为父本还是母本，（如大长、长大）都有良好的性能表现，还可以用来做引进猪种的三元杂交的终端父本，也多可以用来与地方猪杂交，纯种大白猪与纯种黑毛色地方猪杂交，由于一代杂交后代的毛色是白色而受到欢迎，在引进猪种中，大白猪被称为"万能猪种"。

第二节　国内优良地方猪种

一、繁殖力强

中国地方猪种性成熟早，排卵数多。嘉兴黑猪、二花脸猪、东北民猪、金华猪、大花白猪、内江猪、姜曲海猪、大围子猪、河套大耳猪 9 个品种，性成熟时间平均为 130 日龄，排卵数初产猪平均为 7.21 个，经产猪为 21.58 个。外国猪种性成熟一般在 180 日龄以上，排卵数也没有中国猪种多。

中国地方猪种产仔数多，上述 9 个品种初产平均 10.54 头，经产平均 13.64 头。东北民猪初产仔数达 2.70 头，经产猪产仔数达 15.50 头。太湖猪初产 13.48 头，经产猪 16.65 头。外国繁殖力高的品种长白猪、大约克夏猪产仔数也只有 10~11 头。产仔数为低遗传力性状，本品种选育基本无效。因此，我国地方猪种的高繁殖力性状就更加显得重要。养猪技术先进国家，都竞相引进我国的太湖猪和东北民猪与本国品种杂交，以期利用我国猪种的高产基因。

中国地方猪种与外国猪种比较，还具有乳头数多、发情明显、受胎率高、产后疾患少、护仔能力强、小猪（又称苗猪）育成率高等优良繁殖特性。

二、肉质优良

中国地方猪种虽然脂肪多，瘦肉少，但是肉质显著优于外国猪种。国外一些高度培育的瘦肉型品种和品系，劣质肉（PSE 肉，即有肉色苍白，质地松软，切面渗水现象的猪肉）发生率很高，给养猪生产造成了巨大的经济损失，改良肉质已成为目前猪育种指从遗传上来改良种猪和商品猪，形成新的品种（系），主要包括纯种（系）的选育提高，新品种（系）的育成，杂种优势的利用等，从而提高养猪业的产量和质量。育种工作的重点。而中国地方猪种肉质优良，10个地方猪种的肉质性状，没有发现PSE肉，肌肉嫩而多汁，肌纤维较细，密度较大，肌肉大理石花纹分布适中，肌纤维间充满脂肪颗粒，烹调时产生特殊的香味。这一特性将成为我国猪肉竞争国际市场的优势条件之一。

三、抗逆性强

中国地方猪种比任何外国猪种都能更好地适应当地的饲养管理和环境条件，在长期的自然选择和人工选择过程中，地方猪种具有良好的抗寒能力、耐热能力、抗病能力以及对低营养的耐受能力和对粗纤维饲料的适应能力。用氟烷测验测定猪的应激敏感性，没有发现中国地方猪种出现氟烷阳性的报道。而外国猪种氟烷阳性发生率相当高，如荷兰皮特兰达94%，德国皮特兰87%，法国皮特兰31%，丹麦长白为7%，英国长白11%，瑞士长白20%，瑞典长白15%，法国长白17%，荷兰长白22%，德国长白68%，比利时长白86%，荷兰约克夏为3%，美国汉普夏2%。氟烷阳性猪遇到应激因素的刺激，绝大部分猪会发生应激综合征（PSS），由此而带来的损失是巨大的。

四、生长缓慢，发育规律特殊

我国地方猪种与外国猪种相比，虽然具有一些独特的优点，但缺点也是明显的，如肥育猪生长较慢，单位增重消耗饲料较多，瘦肉率低，皮厚等。所以，中国地方猪种不能直接用于育肥。

第三节　种猪选择注意事项

一、遗传改良方法

遗传上，优秀的种猪用于繁殖是由不同的繁殖效率所致，优秀的种猪留下的后代较多。选择，即利用加性遗传方差，主要应用于猪长期遗传改良。在商品猪生产中，选择重点在于确定种猪供应场。系统进行种猪选配，以产生非加性遗传变化，表现出杂交优势。但杂交优势并非在所有杂交或所有度量的性状均会发生，且其必须每世代通过选配重现。在商品猪生产中，杂交优势主要通过终端父本与不同品种母猪间杂交获得，并生产出商品猪种猪引进，特别强调将其他群体满意的特点引进，普遍应用于新终端父本的引进，而快速且非经济实用的是采用部分清群或重新建群，这是简单的遗传改良形式。遗传改良常常综合运用上述方法进行，然而这些方法会因生产管理方法的不同而有所差异。

二、如何使遗传潜能最大化

为了使遗传潜能更大化，更替种猪来源场必须保持稳定的遗传进展，这可以通过记录系统，测定计划，分子育种学和基于线性无偏预测（BLUP）统计方法的遗传评估体系综合形成遗传改良方案、系谱信息将后裔、同胞、父母代和祖父母代的性能记录联系在一起，应用于遗传特点的预测，综合遗传改良方案可使种猪场每年获得遗传进展，种猪个体准确地记录和性能测定是成功遗传评估体系的关键，此外必须保证测定程序的合理性和准确性，良好育种选择方案的基础是要具有准确比较种猪个体与同期群的能力、同期群内的种猪是同一品种或品系，性别相同，相似年龄，相似管理同期群至少包括 20 头种猪，至少来源于 5 窝和 2 头公猪的后代，理想的是其中 1 头公猪来自其他种猪场，这样可以提供猪跨场间的联系。太小的测定群体将导致数据量小，进而使估计育种值（EBV）可信度低。当基于 EBV 选择种猪个体时，选择排名很高且满足健康和体型要求的个体，但这并非只有排名第一的公猪或最好 10% 或 20% 的个体可以使用，最好 50% 的个体均高于平均数，且可提供遗传改良的候选群体中，遗传改良方案是很重要的标准，从猪场内测定计划中，选择排名靠前的种猪个体。在商品猪生产中，替代种群也必须根据遗传潜能和杂交优势进行选择，后代母猪在群内进行选择时，应设定一些目标，以确定是保留还是淘汰，为实现遗传进展，必须提供良好的环境，包括饲料、水、设施、防疫和环境条件等，使个体的遗传潜能得以表达为监控遗传潜能的表达，必须建立合理的饲喂和管理方案，采用准确、有效的性能记录体系。

三、母猪生产力的总体指标

（一）产仔性能

年产仔窝数即每头母猪平均年产仔窝数，是衡量一个猪场母猪群繁殖性能的重要指标。公式为：

母猪平均年产仔窝数 = 猪场年总产仔窝数/经产母猪年平均存栏数

母猪数量相同的两个猪场，年产仔窝数多的，表明生产水平高，否则反之。其中的影响因素有三：

一是情期受胎率指在第一个发情期即可受胎的母猪占所配母猪的比例，正常情况下为 85% ~ 90%。情期受胎率低会延长母猪空怀期，不但降低母猪的年产仔窝数，还会造成饲料和人工的浪费，增加养猪成本，这是目前影响母猪年仔窝数的主要因素。

二是分娩率产仔的母猪占受胎母猪的比例，分娩率越高，母猪年产仔窝数越高。此期间的主要损失是流产，将妊娠母猪放置在同一栋舍内，不随意混群，加强母猪妊娠期的管理可有效地减少流产的发生。

三是哺乳期的长短也影响母猪的年产仔窝数，但不是主要的影响因素。不要盲目地追求早期断奶来实现母猪年产仔窝数的增加，要以保证仔猪断奶后能够正常生长发育为原则，结合本场的实际生产水平来确定何时断奶，目前一般为 28 ~ 35 天断奶。

● （二）窝产健壮仔猪数 ●

弱胎、死胎是没有意义的，生产上需要的是健壮仔猪，窝产健壮仔猪的多少由以下两个方面决定。

配种环节：公猪的精液品质、母猪的膘情和适时配种时间是决定产仔数多少的主要因素。实际中要找出问题的原因，根据具体情况加以解决。

妊娠期管理：妊娠期的饲养管理决定着初生仔猪的健壮与否。生产中应对妊娠母猪进行合理分群，根据母猪预产期先后喂给不同的饲料，并保证每头母猪的采食量。

● （三）泌乳能力 ●

营养哺乳：母猪所采食饲料的质量与数量直接关系到泌乳量的多少。应以一头母猪能哺育 10 头个体均匀的仔猪到断奶为标准来调整饲料的质量与数量。

妊娠期采食：过量的饲料会影响哺乳母猪的采食量，致使产奶量不足。妊娠期母猪的采食量应掌握在能产出足够数量、个体均匀的健壮仔猪为宜。

环境：主要是为哺乳母猪创造一个安静舒适的环境，冬季注意保暖，夏季注意降温，并及时治疗病猪。

● （四）胴体瘦肉率 ●

胴体是指屠宰去头、蹄、尾、内脏后的两半片猪肉，包括皮、骨、肉、脂肪四部分。瘦肉占这四部分总和的百分比称为胴体瘦肉率。

提高瘦肉率就成为近十多年来养猪行业的主攻目标之一。主要采取引进瘦肉率 62% 左右的长白、杜洛克等瘦肉型外来种，与乌金猪等地方猪种杂交以提高商品猪的瘦肉率，增产瘦肉。

● （五）饲料报酬 ●

评价饲料报酬或饲料利用效率的指标用"料重比"，以单位增重耗料量表示。每增重 1 千克活重耗风干料量，已从传统办法 6 ~ 9 千克降至 3.5 千克，少数农户已达到 3∶1 水平。

欲再提高饲料报酬，需着重从下述三方面入手，即设计配方要考虑氨基酸平衡，选择原料要注意生物学效价和使用确实有效并具针对性的非营养性添加剂。

四、后备母猪的选择

从各品种中繁殖性能好，具有 12～14 个乳头的母猪中选择后备母猪在断奶时，应保留需要更替母猪数量的 250%仔猪在保育期完成初步选择，存在结构缺陷赫尼亚或疝气及生长速度不够快的仔猪应淘汰在 140 日龄进行最后选择，包括结构腹线和外生殖器的眼观评分，淘汰生长速度非常慢，膘厚极薄或瘦肉率极高的母猪选择的后备母猪数应是需要更替母猪数 125%～150%。

购买或自留的母猪应遗传优秀，繁殖评分良好和结构合理。应对更替的后备母猪进行全面的眼观评分，以确定其结构和繁殖合理性。母猪每年要产仔 2 窝以上，哺育大窝仔猪 2～3 个星期，在 7 天左右恢复发情配种，且一直生活在固体水泥地面或铸铁地板上生猪的理想四肢是要相对粗壮，两趾大小相同，系部要相对较软（不要太硬或直立），后踝和前膝应有一定角度，以保证母猪行走时不会垂直施压于腿关节，四肢与地板间保持平直，动物行走时不会旋转或扭转。动物的整体结构是骨架、肌肉、脂肪和皮肤的综合体现，骨骼的结构非常重要，并影响到使用寿命和机能正确的骨路应是体型合理，使猪有丰富的体内空间，供关键器官发挥相应机能对于母猪来说，长、宽、深的骨架为其繁殖机能提供足够空间，理想的骨架还使猪只在任何平面上毫无困难的来回移动，更替后备母猪至少有 6 对有效乳头，排列整齐和突出的乳头应从腹线的远端开始，避免瞎乳头和倒置乳头的存在，瞎乳头实际是发育不全的乳头代替功能乳头，倒置乳头是乳头的末端在乳腺管体内被阻，因此，被倒置瞎乳头不会变为功能乳头，而倒置乳头有时在母猪分娩时会突出来，但带有倒置乳头的后备母猪应在进入繁殖群前淘汰，因多数倒置乳头不会变为功能乳头。

科学地选留后备母猪，对提高其生产、繁殖和性能，并延长其使用寿命和增加养猪户（场）的经济效益，起着十分重要的作用，应做到以下几点：

● **（一）询查系谱** ●

应询查后备母猪的父母代生产成绩，无遗传缺陷，同胎至少 9 头以上，仔猪初重 1.2 ~ 1.5 千克，乳头多且排列整齐，体形好的仔猪留作后备母猪。

● **（二）多次选种** ●

仔猪 28 日龄或 35 日龄，体重在 7.5 千克以上进行初次选种，有效乳头 6 对以上且脐部以前至少有 3 对，无瞎奶和赘生小乳头，阴户端正，四肢稍高且结实有力，前胸开阔，后臀丰满；第二次选种在 70 日龄左右，这时应注意体形外貌，毛疏而光，皮红而润且富有弹性，背腰平直，肢体健壮整齐，乳头粗大而突出，阴户发育良好；第三次选种在 5 月龄左右，在前两次选种的基础上进行精选，总体要求能够正常生长发育，保证不瘦不肥的种用体况，性成熟和体成熟平行发展，能够如期发情配种。

● （三） 其他方面●

除询查系谱和多次选种外，还应从某些疾病方面考虑选种，如初产母猪患细小病毒病而产了带有木乃伊胎的活仔猪，其可能是细小病毒病的携带者，不能留作后备母猪，患过喘气病、繁殖与呼吸综合征等疾病的母猪所产的仔猪不能留作后备母猪，此外，也不要在头胎母猪和老龄母猪的后代中选留后备母猪。

五、后备母猪的饲养管理

选留好后备母猪后，在饲养和管理等方向，应采取以下措施：

● （一） 圈舍卫生●

圈舍应保持冬暖夏凉、温度适宜、干燥清洁、阳光充足，小群饲养，每圈 3~5 头，每头占圈面积至少 0.8 平方米，以保证其肢体发育正常，切忌潮湿拥挤，防止拉稀和患皮肤病。

● （二） 科学喂养●

饲养上应饲喂后备母猪饲料，并保证饲料品质，每千克日粮中粗蛋白质应为 15%~16%，消化能 3 000~3 100 千卡，日喂 2 次或 3 次，供给充足卫生的饮水，其次还要充分满足钙、磷和维生素的需要量，使骨骼和生殖系统得到充分的发育。猪体况达到八成膘为宜，配种前两周实行优饲催情。

● (三) 适龄配种●

后备母猪性成熟以后就开始发情，最初的发情症状往往不明显且没有规律，以后逐渐明显且规律化，大约每隔18～21天发情一次，为一个发情周期，第二或第三个发情周期配种较为适宜，合适的初配年龄和体重为我国地方品种猪6～8月龄，体重50千克左右，我国培育品种和国外引进品种10月龄左右，体重90千克以上。

● (四) 精心管理●

在管理上应细心周到，定期消毒猪舍及其周围环境，按驱虫和免疫程序搞好驱虫和免疫接种工作，每天应运动30分钟，从而增强体质，减少疾病，促使骨骼和肌肉的发育，保证肢蹄健壮，提高繁殖力。

六、留种与淘汰

选留：一个猪场要经常不断地选留后备母猪，来补充因淘汰而产生的不足，以保证满负荷生产。选留数量应是淘汰数量的1.2倍。

淘汰：对于那些有肢蹄病、屡配不孕、产仔产奶少等失去种用价值的母猪应及时淘汰，避免造成更大的损失。

对母猪及时的选留与淘汰是保证一个猪场满负荷生产、使母猪群具有较高生产能力的关键措施，生产中不允许没有种用价值的母猪长期存在。目前母猪的年更新率为30%。

七、繁殖疾病预防

目前，养猪场正不同程度受到疫病的困扰，尤其造成母猪繁殖障碍的疾病，致使母猪受胎率降低，流产，产死胎，产弱仔。解决这一问题应从疫病净化和改善环境加强饲养管理入手。

疫病净化：通过对整个猪群某种疫病的普查，淘汰阳性猪，长期的免疫和环境控制来实现。此法难度很大且难以接受，通过难以实现，但它是根本的解决方法。

改善环境加强管理：客观上说，任何猪场都不同程度地存在着这样或那样的疾病，但为什么一些猪场猪群健康状况良好，经济效益很高，另一些猪场则不然？问题在于：你是否对疫病的控制有很高的认识；是否根据本场情况制定一套行之有效的防疫制度并认真执行；免疫是否准确彻底；是否为猪群提供了营养合理的饲料；是否为猪创造了一个舒适的环境等。

第二章 养殖设施化

第一节　场址选择

　　场址选择应根据猪场的性质、规模和任务，考虑场地的地形、地势、水源、土壤、当地气候等自然条件，同时应考虑饲料及能源供应、交通运输、产品销售，与周围工厂、居民点及其他畜牧场的距离，当地农业生产、猪场粪污处理等社会条件，进行全面调查，综合分析后再作决定。

　　地形要求开阔整齐，有足够的面积。猪场生产区面积一般可按繁殖母猪每头 45～50 平方米或上市商品育肥猪每头 3～4 平方米考虑，生活区、行政区另行考虑，并留有发展余地。

　　猪场地势要求较高、干燥、平坦、背风向阳、有缓坡。地势低洼的场地易积水潮湿，夏季通风不良，空气闷热，易使蚊蝇和微生物滋生，而冬季则阴冷。有缓坡的场地便于排水，但坡度不能过大，以免造成场内运输不便，坡度应不大于 25°。在坡地建场宜选背风向阳坡，以利于防寒和保证场区较好的小气候环境。

　　水源水质，猪场水源要求水量充足，水质良好，便于取用和进行卫生防护，并易于净化和消毒。水源水量必须满足场内生活用水、猪只饮用及饲养管理用水的要求。猪场需水量参见下表。

表　猪场需水量

类别	总需水量（升/头·天）	饮用量（升/头·天）
种公猪	40	10
空怀及妊娠母猪	40	12
带仔母猪	75	20
断奶仔猪	5	2
育成猪	15	6
育肥猪	25	6

社会条件，养猪场饲料、产品、粪污、废弃物等运输量很大，所以必须交通方便，并保证饲料的就近供应、产品的就近销售及粪污和废弃物的就地利用和处理，以降低生产成本和防止污染周围环境。但交通干线又往往是造成疫病传播的途径，因此选择场址时既要求交通方便，又要求与交通干线保持适当的距离。一般来说，猪场距铁路和国家一、二级公路应不少于300～500米。

第二节　场区布局

场地选定后，须根据有利防疫、改善场区小气候、方便饲养管理、节约用地等原则，考虑当地气候、风向、场地的地形地势、猪场各种建筑物和设施的尺寸及功能关系，规划全场的道路、排水系统、场区绿化等，安排各功能区的位置及每种建筑物和设施的朝向、位置。

场地规划：猪场一般可分为四个功能区，即生产区、生产管理区、隔离区、生活区。为便于防疫和安全生产，应根据当地全年主风向和场址地势，顺序安排以上各区。

建筑物布局：猪场建筑物的布局在于正确安排各种建筑物的位置、朝向、间距。布局时需考虑各建筑物间的关系、卫生防疫、通风、采光、防火、节约占地等。生活区与生产管理区和场外联系密切，为保障猪群防疫，宜设在猪场大门附近，门口分别设行人、车辆消毒池，两侧值班室和更衣室。生产区各猪舍的位置考虑配种、转群等联系方便，并注意卫生防疫，种猪、仔猪应置于上风向和地势高处。繁殖猪舍、分娩舍应放在较好的位置，分娩舍要靠近繁殖猪舍，又要接近仔猪培育舍，育成猪舍靠近育肥舍，育肥舍设在下风向。商品猪置于离场门或围墙近处，围墙内侧设装猪台，运输车辆停在墙外装车。如商品猪场可按种公猪舍、空怀母猪舍、产房、断奶仔猪舍、肥猪舍、装猪台等建筑物顺序靠近排列。病猪和粪污处理应置于全场最下风向和地势最低处，距生产区应保持50米的距离。

第三节　栏舍设计

一、传统式单、双坡猪舍

单坡传统式猪舍，结构简单，便于施工，舍内光照、通风较好，但冬季保温性较差，适合于小型猪场；双坡式可用于各种跨度，一般栏舍布置双列式，若设吊顶则保温隔热更好，但对建筑材料要求较高。单、双坡传统猪舍，适合于投资少、较简陋的中小型猪场。规模一般在 3 000～5 000 头，投资额在 100 万元以下的猪场。

二、装配式猪舍

装配式猪舍是近年来在南方地区新建的，一般为框架结构，跨度在 12～15 米，多设四列五通道，长度为 100 米左右，侧墙上装有轴流式风机，两边为卷帘幕，舍内湿帘降温，集约化程度高，一栋猪舍饲养规模在 3 000～5 000 头，配套设施先进，有的采用机械刮粪，自动饲喂等机械化程度比较高。此类猪舍适合同 5 000 头以上的大型猪场，投资额多在 150 万元以上。在湖北省农科院畜牧所新建一栋此模式的猪舍，说明如下。

新猪舍的建筑模式：钢混结构，跨度 15.24 米，全长 136.24 米，檐高 2.7 米。屋顶：由外向里，由塑料隔水膜、铝合金波纹板、塑料泡沫、石棉板和支撑钢架组成，具有隔热、保温的特性。两侧为塑料卷帘、金属网、塑料卷帘结构，运用导热性小的空气作保温层。山墙：外层为彩钢板，内层为钢丝网水泥白灰混合砂浆粉刷，中间夹保温隔热泡沫层，两侧各安装轴流风机两台，根据猪舍的长度和布局特点（大跨度，狭长型四通道布局）选择 9FJ－1250 型节能型轴流通风机，功率为 0.75 千瓦，风量为 40 450 立方米每小时，此种型号通风机换气量大，速度快，较适宜集约化装配式猪舍。在猪舍的中间横断面位置安装两道蜂窝状湿帘降温系统，此系统由吉爱赛农牧机械有限公司生产的，此系统具有独特的泡沫状水介质及自制功能，在介质板底部的循环管把流经介质的循环水聚集起来，通过整体集水泵进行再循环，波纹式的介质设计，使更多的水和空气混合，达到快速降温的目的。

● （一）降温系统 ●

气温在37℃以下时，打开地窗、塑料卷帘，猪舍敞开，利用自然风除湿降温，或利用安装在铸铁漏缝地板正上方的加压喷雾系统进行降温。气温在37℃以上时，对于分娩床、公猪栏、限位栏内的猪只，关闭地窗及封闭隔板上的门，密闭纵墙上的塑料卷帘，向蜂窝湿帘内注水，开启轴流风机，进行负压降温。

● （二）保暖系统 ●

关闭地窗，封闭塑料卷帘。在仔猪保温箱内装有两根红外线取暖器，箱外装有温控器，根据仔猪的出生日龄，在温控器上设定温度数字，对箱内温度进行自动控制；对于培育猪，用保温板进行取暖。定期打开轴流风机除湿、换气。

● （三）通风系统 ●

冬季寒冷，猪舍呈密闭状态，舍内的氨气、二氧化硫等有害气体浓度增大，每天必须开启轴流风机通风换气。春、秋两季，猪舍为敞开式，采用自然通风。夏季严热，猪舍密闭，采用负压通风降温系统。

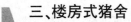

三、楼房式猪舍

为节约土地资源，在土地比较紧缺的地区可以采用楼房饲养，楼房建筑承重强，结构复杂，猪场建设成本高。楼房饲养密集度较高，要求管理严格，防疫消毒到位，通风采光要好，猪群尽量不串层。楼房猪舍适合大型猪场，投资额多在500万元以上。

猪舍的基本结构包括地面、门窗、墙、屋顶等，这些统称为猪舍的外围护结构。猪舍的小气候状况很大程度上取决于猪舍的外围护结构的性能。

● （一）基础和地面 ●

基础的主要作用是承载猪舍的自身重量、屋顶积雪重量和墙、屋顶承受的风力，基础的埋置深度，根据猪舍的总荷载、地基承载力、地下水位及气候条件等确定。基础受潮会引起墙壁及舍内潮湿，应注意基础的防潮防水。为防止地下水通过毛细管作用浸湿墙体，在基础墙的顶部应设防潮层。

猪舍的地面是猪仔活动、采食、躺卧和排粪尿的地方。地面对猪舍的保温性能及猪只的生产有很大影响。猪舍地面要求保温、坚实、不透水、平整、不滑、便于清扫和清洗消毒。地面一般应保持2%～3%的斜度，以利于保持地面干燥。水泥地面坚实耐用、平整，易于清洗消毒，但保温性能差。目前猪舍多采用水泥地面和漏缝地板，为克服水泥地面传热快的缺点，可在地表下层用孔隙较大的材料（如炉灰渣、膨胀珍珠岩、空心砖等）增强地面的保温性能。

● （二） 墙壁 ●

猪舍的墙壁要求坚固耐用，承重墙的承载力和稳定性必须满足结构设计要求。根据不同地区不同地理环境的要求，墙壁使用不同的材料，一般墙体为黏土砖墙，砖墙的毛细管作用较强，吸水力也强，可以保温和防潮；有的地区使用波纹板或幕布当途径墙壁。墙体的厚度应根据当地的气候条件和所选墙体材料的热工特性来确定。

● （三） 门、窗户 ●

主要用于采光和通风换气，窗户的大小、数量、形状、位置应根据当地气候条件合理设计；门是供人和猪出入的地方，供人、猪、手推车出入的外门一般高 2.0 ~ 2.4 米，宽 1.2 ~ 1.5 米，门外设坡道，便于猪只和手推车出入，外门的设置应避开冬季主导风向，必要时加设门斗。

● （四） 屋顶 ●

屋顶起遮挡风雨和保温隔热的作用，屋顶要求坚固，有一定的承重能力，不漏水、不透风，且具有良好的保温隔热性能。

第四节　生产设施与设备

不同性别、不同饲养和生理阶段的猪对环境及设备的要求也不同，设计猪舍内部结构时应根据猪只的生理特点和生物学习性，合理布置猪栏、走道和合理组织饲料、粪便运送路线，选用适宜的生产工艺和饲养管理方式，充分发挥猪只的生产潜力，同时提高饲养管理工作者的劳动效率。

一、种公猪舍

公猪舍多采用带运动场的单列式，给公猪设运动场，保证其充足的运动，可防止公猪过肥，对其健康和提高精液品质、延长公猪使用年限等均有好处。公猪栏要求比母猪和肥猪栏宽，隔栏高度为 1.2~1.4 米，面积一般为 7~9 平方米，栅栏结构可以是混凝土或金属，便于通风和管理人员观察和操作。

二、配种妊娠舍

空怀、妊娠母猪舍可为单列式（可带运动场）、双列式、多列式等几种。栏体多采用限位栏，限位栏设计如下：栏长 1.9 米，高 1.1 米。栏的地面布局为，栏体头部外侧为砖结构料水槽，1.3 米的水泥地面，0.6 米的漏粪栅，粪栅下面是清粪斜坡与 0.3 米宽的粪尿沟相联。限位栏按照宽度分为 60 厘米和 65 厘米两种，其中 60 厘米为初产母猪用，65 厘米为经产母猪用。移动栅栏：限位栏头部内则安装可向左或向右移动 1/2 个栏宽度的移动栅栏，平时移动栅栏的直管位于头部的中线位置而挡住猪头，使头不能伸出；母猪采食饮水时，将栏移动 1/2 个栏位，使头部伸出。长条形料水槽：料水槽净宽 25 厘米，底部呈弧形，倾斜度 0.5%，槽深 20 厘米，外侧比内侧高 5 厘米，内侧在头部下面向内 7 厘米处。在最后一个栏底部的最低处附近做一个约 10 厘米高的水泥挡水小坝，小坝外侧的底部做一个与地面小明沟相通的排水小孔，小明沟与粪尿沟相联。为便于夏天通风，限位栏的尾部墙上离地约15厘米处开一排45厘米×45厘米的移门小窗。限位栏尾部开门用6英分钢管，立柱及侧管用8英分钢管，粪栅用直径12毫米的钢筋。焊接均为满焊，一般焊缝厚为3毫米。抽风设备根据实际需要安装在猪舍两端墙壁上，高度在离地1.7米左右的位置。

三、分娩舍

　　根据分娩舍的特点，设计依据的主要技术参数是：舍温20~30℃，相对湿度为40%~80%，调温风速为0.2~1.5米/秒，换气率为每分钟1~1.25个猪舍容积空气量，透光角α≥25度，β≥5度。分娩舍采用隧道负压通风和蒸发冷却相结合环境工艺。即是说猪舍是一个窄长的通道，一端的墙壁上装有一排风扇，另一端用湿帘。风扇向外排气使隧道内形成负压，通过蜂窝状的湿帘把空气吸进来，可使猪舍内的温度降低。为达到更好的降温效果，舍内需密闭。简易的形式是在猪舍四周装置金属网和塑料卷帘，由于猪舍内的吸力使塑料幕贴紧网屏以此达到密闭的目的。在停电春冬季节，把卷帘从底部卷起可使空气从两侧进入舍内，确保继续通风。

　　舍长的设计：舍长度主要与换气率相关，过长的猪舍，在0.2~2米/秒的气流速度范围内达不到应有的换气率，故一般认为舍长不能大于120米。如设猪舍长度为L（米），横截面积为S（平方米），气流速度为V（米/秒），则参数间服从以下公式：

60. S. V ＝ 1 － 1. 25. S. L

L＝60V/1 － 1. 25（V ＝0. 2 －2）

L≤120 米

因此，研究表明，舍长不宜长于120 米。

舍宽的设计：舍宽与舍高、舍内自然透光角相关，设舍宽为 X（内宽为 X1，外宽为 X2），舍高为 H（低墙高 H1，高墙高 H2），透光角为 α，关系式如下：

H1 ＝ tgα. X1

H2 ＝ tg（α － β）. X2

又透光角 α≥25 度，β≥5 度

故有：H1 ≤ 0. 364X1

H2 ≤ 0. 436X2

屋顶用塑料隔水膜，铝合金波纹板密封，有良好的保温隔热性能，便于舍内温度的控制。

产栏前半部为热水加热地面，为仔猪提供良好的生长环境，或者在产栏内设制一个保温箱或局部加热板，保持温度在 25 ~ 30℃。侧墙壁安装排风机和湿帘，便于舍内温度、湿度、空气等小气候的调节和控制。

分娩栏长 2.1 米，宽 1.6 ~ 1.8 米，实用面积为 3.36 ~ 3.79 平方米。圈栏用铁皮等板式物相隔，并紧靠床面，不作栅栏，以防仔猪相互接触，分娩栏如图所示。

分娩栏内设有钢管拼装成的分娩护仔栏，栏宽 0.6 米，呈长方形，限制了母猪的活动范围，防止踏压仔猪，便于哺乳，栏前有食槽，饮水器，栏的两侧为仔猪活动场地，一侧放有仔猪保温箱，箱上设有红外线灯炮，箱的下缘一侧有 20 厘

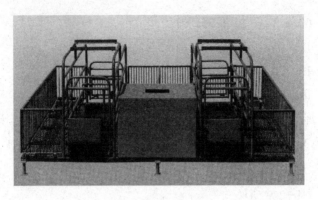

分娩栏

米高的出口，便于仔猪进出活动。同时箱体可以折叠，夏季不用时折叠竖于栏的一侧。

分娩床两旁小猪活动区为全塑漏缝地板，母猪活动区为铸铁漏缝地板，有利于清洁排污和消毒灭菌。

产床下面为漏粪斜坡，一旁为清粪沟，有条件的可以安装刮粪机。

四、保育舍

刚断奶的转入仔猪保育栏的仔猪，生活上是一个大的转变，由依靠母猪生活过渡到完全独立生活，对环境的适应能力差，对疾病的抵抗力较弱，而这段时间又是仔猪生长最强烈的时期，因此，保育栏一定要为小猪提供一个清洁、干燥、温暖、空气新鲜的生长环境。目前，我国现代化猪场多采用高床网上保育栏（如图），主要用金属编织漏缝地板网、围栏、自动食槽，连接卡、支腿等组成，金属编织网通过支架设在粪尿沟上（或实体水泥地面上），围栏由连接卡固定在金属漏缝地板网上，相邻两栏在间隔处设有一自动食槽，供两栏仔猪自动采食，每栏安装一个自动饮水器。网上饲养仔猪，粪尿随时通过漏缝地板落入粪沟中，保持了网床上干燥、清洁、使仔猪避免粪便污染，减少疾病发生，大大提高仔猪成活率，是一种较为理想的仔猪保育设备。仔猪保育栏的长、宽、高尺寸，视猪舍结构不同而定，常用的规格栏长2米、栏宽1.7米、栏高0.6米，侧栏间隙0.06米，离地面高度为0.25～0.3米。可养10～25千克的仔猪10～12头。实用效果很好。在生产中因地制宜，保育栏也采用金属和水泥混合结构东西面隔栏用水泥结构，南北面隔栏仍用金属，这样既可节省一些金属材料，又可保持良好通风。

保育栏

五、生长育肥舍

现代化猪场的生长猪栏和肉猪栏均采用大栏饲养，其结构类似，只是面积大小稍有差异，有的猪场为了减少猪群转群麻烦，给猪带来应激，常把这两个阶段并为一个阶段，采用一种形式的栏，生长猪栏与肉猪栏采用实体、栅栏和综合三种结构。常用的有以下几种，一种是采用全金属栅栏和全水泥漏缝地板，也就是全金属栅栏架安装在钢筋混凝土板条地面上，相邻两栏在间隔栏处设有一个双面自动饲槽。供两栏内的生长猪或肉猪自由采食，每栏安装一个自动饮水器供自由饮水。另一种是采用水泥隔墙及金属大门地面为水泥地面，后部有 0.8～1.0 米宽的水泥漏缝地板，下面为粪尿沟。生长肉猪栏的栏栅也可以全部采用水泥结构，只留一金属小门。

第五节　防疫设施与设备

近年来我国各地猪病频发，极大影响猪场经济效益，许多疫病的发生和传染是由于猪场未能进行科学的规划设计。实践证明，规划好防疫设施与设备可以很大程度减少猪场疫病的发生，是提高猪场经济效益的关键。

一、围墙

猪场应设有围墙和外界隔离开，围墙有砖墙结构、镀塑钢栏网结构等。

育肥仔猪栏

砖墙上配有毛刺钢丝绳。砖墙需高 2 米以上, 防止其他动物进入猪场内, 但通风性差, 建设工作量大。

镀塑钢栏网的通风性能好, 节省劳力, 设备安装也快, 尤其对一些不能用砖墙结构的地域能很好地铺设, 但镀塑钢栏网不能防止其他一些小动物的进入, 对疫病防控有一定的影响。

二、猪场大门消毒池等设施

猪场大门是进入猪场的主要通道, 凡一切进入猪场的人员及物品须经严格消毒后方能进入。

猪场的大门处设有消毒池, 消毒池长度不得低于要进入猪场的最大车辆轮胎外周长的 1.5 倍长, 深度要淹没钢圈, 消毒池上方应建顶棚, 防止日晒雨淋; 并且设置喷雾消毒装置。入口与出口处设减速带，消毒池顶端要设回流系统，防止消毒药水溢出。

消毒池建设成本低，但天气环境的变化对消毒液的影响较大。仅能对过往车辆的车轮消毒，车身不能消毒。消毒池水和消毒液要定期更换，每周至少更换 2 次或 3 次，保持消毒药的有效浓度。

喷洗消毒指层顶和两侧有喷雾的大门消毒池，在车身的两边设置有喷淋消毒，加上车底端的消毒，对一般车辆通过的消毒效果明显，对箱式与全车的表面消毒效果好。

有重大传染疫情时，严禁车辆进入，必须要进入的，可用消毒液对车辆全面喷雾。

三、大门的人行通道消毒

工作人员和来宾等人员必须经大门消毒室，并按规定对体表、鞋底和手进行消毒。

脚踏消毒槽深度至少 15 厘米，内置消毒液，消毒液深度要大于 3 厘米。药液 3~4 天更换一次，换液时必先将槽池洗净以后再换装消毒液，雨天或高温天气时可酌情增加消毒液浓度或提早一天换液。进入猪场者脚踏时间不少于 15 秒。

四、生产区大门

生产区大门门口设值班室，人员更衣消毒室，车辆消毒通道和装卸台。

人员更衣消毒室设喷雾消毒室和紫外线消毒室，猪场工作人员进入生产区前，必须在紫外线消毒室消毒间经紫外灯消毒15分钟，紫外灯和人体之间的距离不应超过2米，或更换工作衣帽。有条件的猪场可以先淋浴、更换衣服、胶鞋后方可进入生产区。

进入生产区要通过装有约20~25厘米深的消毒液的脚踏消毒槽通道，方可进入生产区。消毒液3~4天更换一次。

进入生产区的所有物品，要根据物品特点选择使用消毒形式进行消毒处理。如紫外灯照射30~60分钟，消毒药液喷雾、浸泡或擦拭等。

车辆消毒通道用层顶和两侧有喷雾的大门消毒池，在车身的两边和层顶设置有喷淋消毒装置。

五、兽医室

兽医实验室可分成解剖室、病原分离培养鉴定室、实验动物饲养室、生物制品配制与保存室等。

解剖室用于病猪的观察、解剖及病料的采取。病原分离培养与鉴定室用于病原的诊断、保存与抗体的检测；实验动物饲养室可用于实验所需动物的饲养。生物制品配制与储存室则可用于配制简单的生物制品并进行必要的保存。

兽医实验室要有一定设备，如恒温培养箱、高压灭菌锅、电热水浴锅、酶标仪、超净工作台、冰箱等。

兽医实验室主要工作内容有：

● （一）病、死猪的解剖与诊断 ●

病理解剖可为动物疾病的诊断提供依据。同时也可为实验室诊断采样提供方便，养猪场可将没有治疗价值的病猪或病死猪进行解剖。并做好详细解剖记录，连同临床调查情况、实验室诊断结果、最终的处理情况，一起放入猪场疾病管理的档案内。作为猪场管理资料的一部分，指导以后的养猪生产。

● （二）病原分离培养与鉴定●

从病猪相应部位分离出病原体，并进行培养。比如细菌病，通过观察细菌形态、培养特性、生化特性进行鉴定，并制订出治疗防疫方案。同时，可将菌种作为生物样品进行保存。

● （三）药敏实验●

当前，猪疾病复杂，常呈混合感染，且由于抗生素的滥用，细菌的耐药性日益严重，造成药物选用困难，在分离、鉴定出病原体后，可进行药敏实验选用适当药物进行治疗。

同时可根据情况对猪场存在的病原菌的耐药性进行定期检查，并将详细情况记录在案。

● （四）简单生物制品的制造●

六、猪舍消毒与杀虫

● （一）猪舍消毒的方法●

1. 机械消毒法

猪场圈舍采用机械的方法如清扫、冲洗、洗刷、通风等手段清除病原体，将其粪便、垫草、饲料残渣清除干净。机械性清除不能杀死病原体，须配合其他消毒方法进行。注意在清除前，应先用清水或某些化学消毒剂喷洒，以免打扫时尘土飞扬，造成病原体散播，影响人、猪健康。清扫的污物，放入粪池或指定地点，进行发酵、掩埋、焚烧或其他药物作无害化处理。

2. 物理消毒法

日光消毒：运载动物的车辆等经机械消毒后可放在日光下暴晒消毒。有条件的饲养圈舍也可用日光暴晒消毒。夏季曝晒1小时以上。阳光光谱中的紫外线有较强的杀菌能力，阳光的灼热和蒸发水分引起的干燥亦有杀菌作用。一般病毒和非芽孢性病原菌，在直射的阳光下由几分钟至几小时可以杀死。

紫外线消毒：疫病诊断室、无菌操作室、手术室等空间和物表用紫外线灯光消毒，每次消毒30分钟以上。革兰氏阴性细菌对紫外线消毒最为敏感，革兰氏阳性菌次之。紫外线消毒对细胞芽孢无效。一些病毒也对紫外线敏感。应用紫外线消毒时，室内必须清洁，最好能先作湿式打扫（洒水后再打扫），人亦必须离开现场。对污染表面消毒时，灯管距表面不超过1米，灯管周围1.5~2米处为消毒有效范围。消毒时间为1~2小时。当空气相对湿度为45%~60%时，照射3小时可杀灭80%~90%的病原体。

干热消毒：不易燃的圈舍地面、墙壁可用喷火消毒。诊断动物疫病所用玻璃器皿等耐高温用具放入干燥箱中，在150~160℃经1~2小时进行干燥消毒。

焚烧消毒：被动物疫病污染的垫草、粪便等污物和病死

（扑杀）动物尸体采用焚烧消毒，以烧成灰烬为止。金属制品也可用火焰烧灼和烘烤进行消毒。应用火焰消毒时必须注意房舍物品和周围环境的安全。

煮沸消毒：被动物疫病污染的玻璃器皿、注射器、针头、金属器械、工作服等物品，用煮沸消毒。煮沸时间为 30 分钟左右。

蒸汽消毒：相对湿度在80%～100%的热空气能携带许多热量，遇到消毒物品凝结成水，放出大量热能，因而能达到消毒的目的。实验室常用高压蒸汽进行消毒121℃经15分钟消毒灭菌。

3. 化学消毒法

喷洒消毒法：用化学消毒药物按规定比例稀释，装入喷雾器内，对动物圈舍四壁、地面、饲槽、圈舍周围地面、运动场，动物体表，运载动物的车、船等进行喷洒消毒。喷洒消毒的药液应均匀喷湿为宜。

熏蒸消毒法：每立方米用福尔马林 25 毫升，水 12.5 毫升，倒入盛有 12.5 克高锰酸钾的容器内，密封门窗 16～24 小时。

浸洗消毒法：用化学消毒药物按规定比例稀释，对注射局部皮肤进行擦拭或对被污染场所进行浸洗。

浸泡消毒法：将被消毒物品浸泡于规定的药物、规定的浓度溶液中，或将被病原感染的动物浸泡于规定药物、规定浓度的溶液中，按规定时间进行浸泡。

兽医防疫工作中常用的化学消毒剂有以下几种。

氢氧化钠（苛性钠、烧碱）：对细菌和病毒均有强大的杀灭力，且能溶解蛋白质。常用1%～2%的热水溶液消毒细菌或病毒污染的圈舍、地面和用具等。本品对皮肤和黏膜有刺激性，对金属物品有腐蚀性，消毒后应冲洗干净。

碳酸钠：其粗制品又称碱。常配成4%热水溶液洗刷或浸泡衣物、用具、车船和场地等，以达到消毒和去污的目的。外科器械煮沸消毒时在水中加本品1%，可促进黏附在器械表面的污染物溶解，使灭菌更为完全，且可防止器械生锈。

石灰乳：用于消毒的石灰乳为10%～20%的混悬液。若存放过久，吸收了空气中的二氧化碳，变成碳酸钙，则失去消毒作用。因此在配制石灰乳时，应随配随用，以免失效影响消毒效果。

漂白粉：又称氯化石灰，是一种广泛应用的消毒剂。其主要成分为次氯酸钙。漂白粉遇水产生极不稳定的次氯酸，易离解产生氧原子和氯原子，通过氧化和氯化作用，而呈现强大而迅速的杀菌作用。漂白粉有效氯含量一般为25%～30%，其消毒作用与有效氯含量有关。5%溶液可杀死一般性病原菌，10%～20%溶液可杀死芽孢。常用浓度1%～20%不等，视消毒对象和药品的质量而定。一般用于圈舍、地面、水沟、粪便、运输车船、水井等消毒。

二氯异氰尿酸钠：为新型广谱高效安全消毒剂，含有效氯62%～64%，又名优氯净，对细菌、病毒均有显著的杀灭效果。商品消毒剂有"强力消毒灵""灭菌净""抗毒威"等。常用1：200或1：100水溶液喷洒进行圈舍地面和笼具等的消毒，1：400用于浸泡器皿等。

过氧乙酸（过醋酸）：本品为强氧化剂，消毒效果好，能杀死细菌、真菌、芽孢和病毒。除金属制品和橡胶外，可用于消毒各种物品，如0.2%溶液用于浸泡污染的各种耐腐蚀的玻璃、塑料、陶瓷用具和白色纺织品；0.5%溶液用于喷洒消毒圈舍地面、墙壁、饲槽等。

新洁而灭、洗必泰、消毒净、度米芬：这四种都是季胺盐类阳离子表面活性消毒剂，其共同特性为毒性低、无腐蚀性、性质稳定、能长期保存、消毒对象范围广、效力强、速度快，对一般病原细菌均有强大的杀灭效能。0.1%水溶液浸泡器械（如为金属器械需加0.5%亚硝酸锏以防锈）、玻璃、搪瓷、衣物、敷料、橡胶制品，新洁而灭须经30分钟，用其余三药经10分钟即可达到消毒目的。0.1%新洁而灭溶液或0.02% ~ 0.05%洗必泰可用于皮肤消毒。0.01% ~ 0.02%洗必泰可用于伤口或黏膜冲洗消毒。使用季胺盐类阳离子表面活性消毒剂应注意避免与肥皂或碱类接触。配制消毒液的水质硬度过高时，应加大药物浓度0.5 ~ 1倍。

福尔马林：为甲醛的水溶液，含甲醛36%。4%水溶液用于喷洒墙壁、地面、护理用具、饲槽等，1%水溶液可作动物体表消毒。熏蒸消毒按每立方米空间用25毫升、加水12.5毫升一起加热蒸发。

菌毒敌：原名农乐，为一种复合酚类新型消毒剂，抗菌谱广，对细菌、病毒均有较高的杀灭效果，稳定性好，安全有效，可用于喷洒消毒或熏蒸消毒，喷洒用1∶100 ~ 1∶200稀释液，熏蒸按每立方米2克用量配制。同类产品有农福、农富、菌毒灭等。

猪场常用消毒药

药液	浓度	方法
石碳酸	2%～3%	喷雾、湿抹
来苏尔	3%～5%	喷雾、湿抹、浸泡
漂白粉	0.1%～1%	喷雾、浸泡、湿抹
过氧乙酸	0.01%～2%	喷雾、湿抹、浸泡
福尔马林	12.5～25 毫升/立方米	熏蒸
新洁尔灭	0.1%～0.5%	喷雾、湿抹、浸泡
农乐	1∶300	喷雾、湿抹
氯胺	3%	与粪便搅拌
石灰乳	20%	与粪便搅拌

4. 生物消毒法

生物消毒法主要用于进行污染的粪便的无害处理。利用粪便中的微生物发酵产热，使温度高达70℃以上。经一段时间，可以杀死病毒、细菌（芽孢除外）、寄生虫卵等病原体而达到消毒的目的。

坑（堆）发酵法：在坑（堆）底面垫一层稻草或其他秸秆，再堆入待消毒的粪便等污物，粪便过干可加适量水分（冬天加热水），堆好后表面加盖10厘米厚的湿泥浆，湿泥表面再盖一层塑料膜。堆放1月（夏天）至3个月（冬天）后可作农肥。

沼气池发酵法：将粪便等污物倒入沼气池中进行生物发酵消毒。

● （二）猪舍杀虫 ●

虻、蝇、蚊、蜱等节肢动物都是猪病的重要传播媒介。因此，杀灭这些媒介昆虫和防止它们的出现，在预防和扑灭猪病方面有重要的意义。

1. 物理杀虫法

以喷灯火焰喷烧昆虫聚居的墙壁、用具等的缝隙，或以火焰焚烧昆虫聚居的垃圾等废物。

利用 100～160℃的干热风杀灭用具和其他物品上的昆虫及其虫卵。

用沸水或蒸汽烧烫圈舍和物品上的昆虫。

机械拍、打、捕、捉等方法。

2. 生物杀虫法

这是以昆虫的天敌或病菌及雄虫绝育技术等方法以杀灭昆虫。如养柳条鱼或草鱼等灭蚊，一天能食孑孓 100～200 条。利用雄虫绝育控制昆虫繁殖，是近年来研究的新技术，其原理是用辐射使雄性昆虫绝育，然后大量释放，使一定地区内的昆虫繁殖减少。或使用过量激素，抑制昆虫的变态或脱皮，影响昆虫的生殖。或利用病原微生物感染昆虫，使其死亡；这些方法由于具有不造成公害、不产生抗药性等优点，已日益受到各国重视。

3. 药物杀虫法

主要是应用化学杀虫剂来杀虫，不同的杀虫剂对节肢动物的毒杀方式不同

（1）胃毒剂。当节肢动物摄食混有杀毒剂如敌百虫的食物时，敌百虫在其肠内分解，可显出毒性作用，使之中毒而死。

（2）触杀剂。如除虫菊等，通过药物直接和虫体接触，经其体表侵入体内使之中毒而死，或将其气门闭塞使之窒息

而死。

（3）熏毒剂。如敌敌畏、烟草等，通过吸入药物而死亡，但对正当发育阶段无呼吸系统的节肢动物不起作用。

（4）内吸剂。如倍硫磷等喷于土壤或植物上，能为植物根、茎、叶表面吸收，并分布于整个植物体，昆虫在吸取含有药物的植物组织或汁液后，发生中毒死亡。动物在口服或注射了该类杀虫剂后，由于排泄缓慢，在一定时间血中含有一定浓度的杀虫剂，当媒介昆虫叮咬、吸血后可中毒。

4. 常用杀虫剂

（1）有机磷杀虫剂。具有用量小，毒杀作用迅速，毒性低，多数比较容易分解破坏等优点。

①敌百虫　对多种昆虫有很高的毒性，具有胃毒（为主）、接触毒和熏蒸毒的作用。常用剂型有水溶液（为主）、毒饵和烟剂。水溶液常用浓度为 0.1%；毒饵可用 1% 溶液浸泡米饭、面饼等，灭蝇效果较好；烟剂每立方米用 0.1～0.3 克。

②倍硫磷　是一种低毒高效有机磷杀虫剂，具有触杀、胃毒及内吸等作用。主要用于杀灭成蚊、蝇和解孑孓等。乳剂喷洒量每平方米用 0.5～1 克。

③马拉硫磷　具有触杀、胃毒和熏蒸毒的作用。能杀灭成蚊、孑孓及蝇蛆等。喷洒 0.1% 和 1% 溶液可杀灭蝇蛆和臭虫。

（2）拟除虫菊酯类杀虫剂。具有广谱、高效、击倒、快、残效短、毒性低、用量小等特点，为近代杀虫剂的发展方向和新途径。如胺菊酯对哺乳动物毒性极低，对蚊、蝇、蟑螂、虱、螨等均有强大的击倒和杀灭作用。室内使用 0.3% 浓度胺菊酯油剂喷雾，0.1～0.2 毫升/立方米，15～20 分钟内蚊、蝇全部击倒，12 小时全部死亡。

（3）昆虫生长调节剂。可阻碍或干扰昆虫正常发育生长而致其死亡，不污染环境，对人畜无害，是最有希望的"第三代杀虫剂"。目前应用的有保幼激素和昆虫生长调节剂（IGR）。前者主要具有抑制幼虫化蛹和蛹羽化的作用，后者抑制表皮基丁化，阻碍表皮形成，导致它们死亡。

（4）驱避剂。驱避剂使用最多的是驱蚊剂。主要用于动物体表，常用的有邻苯二甲酸二甲酯（DMP）、避蚊胺等。

七、水源消毒

猪饮水应清洁无毒，无病原菌，符合人的饮用水标准，生产中要使用干净的自来水或深井水。

饮水与冲洗用水要分开，饮用水须消毒，冲洗水一般无需消毒。

可用消毒威或绿养宁等消毒剂加入饮水中消毒，在暴发疾病时加大用量，特别发生肠道疾病，比如病毒性腹泻等，饮水中添加碘酸连续几天，可有效控制病情。

更换饮水时先将供水系统中剩余水排空，用消毒剂（如消毒威）进行浸泡清洗消毒，浸泡 1～3 小时，排空冲洗即可，要尽可能清除水箱、水管内的污物及藻类。灭藻可用绿养宁等消毒剂浸泡 1～3 小时，排空冲洗，再重新补充新水。

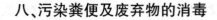

八、污染粪便及废弃物的消毒

不同污染程度的废弃物，应以不同方式处理，一般性无害的废弃物，是指健康猪所清除出来的粪便及其他废弃物，可直接进行最终处理，常用方法包括堆肥和苗圃处理、经下水道排放或视作一般废弃物掩埋。经下水道排放，每年定期处理窨井中沉淀下的污泥，处理的方法是按窨井容积加入 5%生石灰，搅拌作用 24 小时后，用污泥泵将污泥抽入贮槽车中，运到农田喷洒之，用做肥料。

猪场粪便与废水处理必须结合资源化利用，实现生产的良性循环，达到无废排放。资源化处理的主要途径是与农、果、菜、鱼结合加以综合利用，变废为宝，化害为利。亦可将污水净化、消毒后用于冲洗猪舍等，节约猪场用水。

要合理处理污水粪尿，首先可以从猪场生产工艺上进行改进，可以实现污水量及污水中污染物含量的减少，干清粪工艺是采用用水量少的清粪工艺，可以实现减量化。并可以使固体粪便的肥效能得以最大限度地保存及便于处理利用。

废弃物应定期清理，不应该做长期储存，猪场应设有贮存空间，贮存一些暂时无法立刻处理的废弃物。废弃物储存区和其他区室要分隔，须远离生产区、人员休息区或者猪场内主要运输线上。废弃物贮存室要密闭，避免臭气外泄与防止苍蝇、蟑螂、啮齿类动物侵入。废弃物除以塑胶袋密封外，应以贮存桶盛载，避免搬运中泄漏、渗出、逸散、飞扬、散发恶臭，盛载废弃物容器应选择金属或塑胶材料，坚固耐磨，贮存容器及设施应经常清洗保持清洁。生物性废物需冷藏以免分解腐败，被动物疫病污染肉尸作高温熟制或化制消毒。

第三章　生产规范化

第一节　制度建设

　　为确保现代化生猪养殖场生产管理的科学化、规范化、制度化，制定猪场生产经营管理工作各环节的规章制度尤其重要。这样才能使猪场每位工作人员做到有章可循，规范行为，工作有序。其主要制度包括：考勤和奖惩制度、工作和学习制度、生猪检疫检验制度、疫病免疫监测制度、疫情登记、统计报告制度、卫生消毒制度、免疫接种制度、免疫标识管理与使用制度、病畜隔离制度观察治疗制度、病死动物无害化处理制度、兽药及其添加剂管理使用制度、饲料及其添加剂管理使用制度、无公害生猪生产质量监督保障制度等。

一、猪场防疫工作制度

　　坚持自繁自养，严格执行非疫区引种原则，所引种猪必备产地检疫证明。引进后需隔离饲养一个月，进行观察、检疫，确认为健康者方可并群饲养，并及时注射疫苗。

　　坚决杜绝场内兽医人员对外进行动物疾病诊疗活动，配种人员对外开展配种工作，场区内不准带入疑似染有病菌的畜产品或其他相关物品。

场区内严禁饲养禽、犬、猫及其他动物，食堂不准外购猪、牛、羊肉及其他畜产品。所有员工统一在食堂就餐，不准自立伙食。

尽量减少人员流动。生产区员工无特殊情况，一律不准离场外出，非生产区人员，未经领导同意禁止进入生产区，违者罚款。场区内不准留宿客人，直系亲属来场经领导同意后方可在生活区留宿，严禁进入生产区。

严格控制人员参观。上级领导来场检查、指导工作，原则不准进入生产区。必须进入的，须经主管领导或场长批准，并由场领导陪同，生产区管理人员方可放行。

生产区人员进入猪舍时，必须换上生产区专用工作服和鞋，并做好个人卫生，不带任何非生产用物品进入猪舍。全场员工每年定期体检，发现有人畜共患病要及时治疗，调离生产区。

定期进行灭鼠、灭蝇等工作。搞好场区环境卫生，禁止乱扔病猪、死猪等。严格执行物资管理制度，疫苗、药品等物品的外包装分别整理后统一回收。

饲养员认真执行操作规程，仔细观察猪群采食和健康状况、排粪有无异常等。发现异常现象及时采取措施，或报告主管领导。

二、兽医工作制度

积极开展疫病监测工作，发生疫情，及时上报，提出建议并指导实施。

结合当地疾病流行特征制订适合本场的防疫方案，并根据防疫结果与检测情况及时修订。

定期对种猪群进行抽血检测抗体，特别是后备母猪进入生产区前要进行抽血检测。认真检查消毒、防疫注射、卫生等工作执行情况，及时纠正问题。

做好疾病诊断、治疗工作，对有代表性的死猪进行解剖，并详细记录存档，及时发现问题并制订出解决方案。免疫注射必须保质、保量，做到消毒严、部位准、剂量足，严格按操作要求进行。

疫苗按要求进行保存，不使用过期、变质、失效的疫苗。认真做好每次免疫注射记录，填写好免疫卡，以备调查。

三、无害化处理制度

猪群发生急性传染病时，发现者应迅速向兽医或场长汇报，场部应召开相关技术人员参加的紧急防疫会议，研究应急措施，严格执行。

全场立即采取隔离与封锁、紧急消毒等措施，并做好紧急免疫接种工作。

封锁疫点，隔离发病猪，夜晚派人值班。全场猪群不得随意调动，特殊情况确需调动由场长决定。

物料只准入不准出，饲料由专人专车送到疫点。病死猪的尸体深埋、焚烧处理，不得运出场外。

加强消毒工作。污水用消毒液严格处理后才能排出，避免病原向外扩散。

解除封锁前，确保病猪痊愈，无新发疫情，上报场长批准后，方可解封。

四、猪场消毒制度

●（一）空舍消毒●

现代化猪场一般采取"全进全出"生产工艺，猪转走后，移走围栏、料槽、垫板、网架等设备，将地面清扫干净。

地面喷水浸润后用高压水枪冲洗，消毒液自上而下将墙、地面及设备的表面充分喷湿消毒。

●（二）生产区消毒●

生产区入口设置喷雾消毒装置，严格进行消毒。

每栋猪舍的门前设置脚踏消毒池、手消毒盆，每周至少换一次消毒液。

●（三）场区内消毒●

主要通道门口必须设置消毒池，并且设置喷雾消毒装置。入场人员应更衣换鞋，走专用消毒通道。

人员通道地面设消毒池，池中垫入垫料（地毯），保持适量消毒液，并经常添加消毒剂，保证对鞋底有效消毒浓度。

人员通道设消毒盆，盆内用碘制剂消毒液。

场内道路、空地、运动场等每日清扫干净，每月进行至少1次消毒。

●（四）工作人员消毒●

员工进入生产区更换清洁并经消毒过的工作服。

工作服、鞋、帽等不准穿出生产区，并定期更换清洗和消毒。

员工入场时手用碘制剂消毒液搓洗1分钟后，用清水冲洗抹干。

员工进入生产区应穿生产区专用鞋，并经脚踏消毒池消毒。

●（五）运输工具、器具消毒●

所有运输车辆必须经过消毒池，有喷雾消毒装置的，车辆和猪一起喷雾消毒，或用人工对车辆和猪一起喷雾。

随车人员如需下车，必须先在入口处对人员及驾驶室进行消毒。

与猪直接接触的各种设施，如小猪周转车、猪转移通道等，每次使用前后必须严格清洗消毒。

猪舍的各种器具和用具，应洗刷干净，浸泡消毒，干燥后进行熏蒸或喷雾法消毒后备用。

●（六）带猪喷雾消毒●

舍内通道、栏舍墙体及猪群每周消毒一次。

消毒后及时通风换气，减少猪应激，利于猪体表及猪舍干燥。

喷雾量应根据猪舍的构造、地面状况、气候条件适当增减。

●（七）猪舍外环境的消毒●

场外停车场必须定期进行消毒，每月至少1次，可根据天气及疫情增加消毒次数。

以大门为中心，半径 50 米之内场地，每周消毒 1 次，并根据天气及疫情增加消毒次数。

装猪台每次使用前、后都必须消毒。

化粪池经常密闭加盖，进行发酵灭菌净化。

五、药品使用管理制度

药品采购由专人负责。所购药品均来自有"兽药生产许可证"的供应商。购买手续应齐全。技术人员负责对购进的药品进行统一验收和保管记录。

生猪发病需用药治疗时，要认真检查使用期、药物的气味、针剂是否有絮状沉淀，粉剂是否有结块，不符合要求的药品一律不领出药房。

六、饲料使用管理制度

饲料由专人负责采购。发票和审批手续齐备。技术人员负责验收，保管员负责登记、保管和发放。所购饲料应符合要求，色泽新鲜，无发霉、变质、结块、虫蛀等。

所购全价料和饲料添加剂须是有饲料添加剂生产品许可证的企业生产的、具有产品批准文号的正规产品。

饲料原料必须按合同规定的质量标准、包装规格、重量等进行验收，凡不符合合同质量的原料保管理员不得接收。

不同饲料品种分别堆码，堆放整齐，标明名称、产地、数量、收货日期、发货人、收货人、检验结果。饲料出库必须遵守先进先出的原则，避免饲料的压库、霉变和不合理库存，减少浪费。

七、猪场员工管理制度

认真执行各项规章制度，遵守劳动纪律，操作规范，责任心强。

猪场员工应关心集体、爱护公物。

努力学习专业知识，不断提高技术操作水平。

场部每月召开一次员工会议，组织一次业务学习。

生产线（班组）应每周组织一次业务座谈或学习，不断提高员工素质。

第二节　人员素质

猪场标准化管理，人的因素是第一位的，要以人为本，除了要有高素质的管理人才、营销队伍外，培养或聘用具有高水平的畜牧兽医专业技术人员从事技术工作是十分必要的，要不断加强对饲养人员的业务技术培训和工作责任心的教育。只有这样才能充分发挥团队精神，实行标准化管理，使猪场持续、高速、健康发展。

一、健全人员管理规章制度

现代化猪场要根据本企业综合情况制定出切实可行的规章制度，并且监督执行，对违反场规、场纪的员工要根据情节轻重分别进行处理，情节较轻者，进行批评教育，情节较重者除通报批评外还要进行经济处罚，做到规章制度面前人人平等，实现现代猪场管理从"人管人"向"制度管人"的转变，提升管理水平，提高生产效益。

二、搞好业务培训、提高综合素质

利用业余时间组织员工进行业务学习，培训要根据员工的文化基础进行分类。内容由浅入深、结合生产实践，使员工逐渐掌握各类猪的饲养技术，新进企业员工上岗前必须进行专业技能培训，学习各项规章制度、各类猪的饲养管理技术操作规程，特别是卫生防疫制度。技术人员应深入车间进行现场指导，使新员工适应工作环境和熟悉作业内容。员工业务学习不光是饲养管理技术方面，同时要进行品德方面的教育，有利员工队伍综合素质的提高。

三、创造良好的生活环境，体现企业人文关怀

养猪业是一项特殊的行业，从事这项工作的员工没有节假日，猪场实行全封闭日常管理，在现场工作的员工连续几月不能出场区。单调乏味的工作易引起员工情绪的波动，影响工作，因此要丰富员工的业余文化生活，给员工创造良好的食宿条件，舒适的生活空间。平时多了解员工的心声，发现困难及时解决，做到有情关怀，无情管理，使员工对企业有依赖感和归属感，为企业发展献计献策，有效提高企业的凝聚力。

四、员工文化结构合理

现代化猪场员工文化程度应该有一个合理结构，便于分工协作，便于技术运用与管理。猪场场长具有本科以上学历，从事猪场管理工作 3 年以上经验，专职兽医和畜牧技术人员应具有本科学历从事本职工作 3 年以上，各职能部门的负责人应具有大专以上学历，普通员工应具有高中以上文化程度，这样的文化结构才能适应现代猪场的需要，应用先进科学的技术进行饲养管理。

五、培育企业精神，培养员工主人翁意识

成功的企业都有自己独特的企业文化，作为猪场企业文化，包括企业精神、行为规范、经营理念、猪场标准化管理等诸多方面。猪场企业文化还包括办公环境、生产环境、生活环境、职工行为等。猪场企业精神是猪场企业文化的灵魂，猪场要确立自己的企业精神，如优质高效、精心饲养、灵活经营、服务社会等，同时要制定严格的规章制度、操作规范、工作职责等管理制度，并通各种形式，使企业文化真正渗透到职工的思想中去。猪场的企业精神要得到不断升华，管理水平不断提高，办公、生产及生活得到不断改善，最终形成充满凝聚力、向心力、个性鲜明的企业文化。

第三节 档案管理

猪场标准化管理应加强种猪档案、配种繁殖记录、生产

记录、免疫接种程序、保健给药规程、免疫记录、兽药及其添加剂使用记录、疫苗及免疫标识订购、使用记录，疫情发生与报告记录、病死动物及其无害化处理记录等各项资料的整理、归档管理和使用工作。所有记录在清群后应保存两年以上。

猪场生产记录是规模养猪生产不可缺少的工作内容，要管理好猪场，必须做好各项生产记录，并及时进行整理归档和分析，有利于总结经验，评价每头种猪的生产性能和每个猪群的生产状况，不断提高生产水平和改进猪群管理工作。此外，员工的人事档案、生产管理制度的建档也是猪场档案管理工作不可或缺的一部分。

第四节　生产管理

一、种公猪舍管理

为了充分发挥种公猪良好的繁殖性能，要对种公猪进行科学的饲养管理。与其他家畜公畜比较，种公猪精液量大、总精子数目多、交配时间长，故需要消耗较多的营养物质，饲养管理上，特别要注重动物性蛋白质的补充。饲养种公猪能够保持其原有体况即可，不能过肥。过于肥胖的体况会使公猪性欲下降，影响交配，还会发生肢蹄病。此外，种公猪舍应保持清洁干燥、空气清新、环境舒适。种公猪舍管理主要做好以下工作。

● （一）适度运动●

每天应坚持让种公猪运动，上、下午各1次，每次运动量约行程2公里左右，必要时进行驱赶。种公猪运动夏季可选择在早晚凉爽时进行，冬季在中午气温较高时运动1次。有条件的地方可放牧代替运动。运动可以增强体质、避免肥胖、提高性欲和精液品质，增强种公猪繁殖性能。

● （二）清洁猪体●

每天定时用刷子刷拭猪体，保持种公猪体肤清洁卫生，促进血液循环，少患皮肤病和外寄生虫病，夏天可结合淋浴进行冲洗刷拭。刷拭猪体时是饲养员调教公猪的最佳时机，可使种公猪温驯听从管教，便于采精和辅助配种。种公猪肢蹄不正常会影响活动和配种，要注意保护猪的肢蹄，不良蹄形及时修剪。

● （三）精液检测●

实行人工授精的种公猪，每次采精时都要进行精液品质检查。采用本交时，每月检查1次或2次，后备公猪开始使用前和由非配种期转入配种期之前，要检查精液2次或3次，劣质精液的公猪坚决不能配种。

● （四）防止咬架●

公猪生性好斗，相遇时常会相互咬架。发生公猪咬架时，迅速放出发情母猪将公猪引走，或者用木板将公猪隔离开。

● （五）生活规律●

饲喂、采精或配种、运动、刷拭等各项作业都应在固定的时间进行，利用条件反射形成规律性的生活制度，便于操作管理。

● （六）防寒防暑 ●

种公猪适宜的温度为 18 ~ 20℃。冬季猪舍要防寒保温，以减少饲料的消耗和疾病的发生。夏季高温时要防暑降温，高温对种公猪的影响尤为严重，轻者食欲下降、性欲降低；重者精液品质下降，影响繁育性能。

二、配种、妊娠舍管理

● （一）工作要点和目标 ●

工作要点：提高配种受胎率和分娩率，增加每头母猪年平均产仔窝数和平均产仔活数，缩短母猪平均空怀天数，减少种猪因病残而引起的淘汰，做好生产记录。生产目标：母猪第一情期受胎率 85% 以上，总受胎率 95% 以上，分娩率 95% 以上，平均空怀天数在 10 天以内，断奶后 3 ~ 7 天发情率 85% 以上，病残淘汰率控制在 5% 以下，年淘汰公母猪比例控制在 30% 以内。

● （二）工作内容 ●

1. 清扫卫生

将母猪栏内粪便扫出来，保持母猪臀部卫生。清理公猪栏内粪便，保证栏舍清洁、干燥。清走道上的料，检查剩料母猪，记下耳号、栏号。配种前清理配种间走道粪便。

2. 查情

准确判定母猪发情，是猪场一项重要的技术工作，一般早上 8：30 和下午 4：30 进行。对所有断奶母猪、复配母猪、后备猪进行查情，并做出相应标记。

3. 配种

一般在公猪吃完料后 2 小时进行。将发情母猪赶入配种栏，0.1％高锰酸钾溶液进行阴户和臀部清洗，再将公猪赶入配种。注意返情母猪不能用返情前相同母猪配种，对于经产母猪、后备母猪进行 2 次配种。采用上下午各一次模式。每栏需 2 名人员进行辅助配种。采用本交，应尽量延长交配时间，以获得好的效果。配完种后，将母猪转入另一侧固定栏中，减少调动。将配种信息记录到母猪卡上，包括配种日期、与配公猪等。

4. 舍内环境控制

根据温度、空气状况控制舍内通风。冬季，关窗保温，开内机来调节舍内空气。夏季开风机、湿帘通风系统降低舍内温度。

5. 制订周配种计划

周配种计划是一周要完成的配种母猪数，目的是使配种间的怀孕母猪数和产房产仔母猪数达到预定目标。每周配种计划主要靠每周断奶母猪数、返情母猪数和后备猪数来实现。

三、分娩舍管理

（一）工作要点和目标

工作要点：维持产房内防疫制度，确保猪舍环境良好、温度适宜，执行每周断奶程序，及时发现和治疗猪乳房疾病和仔猪腹泻。生产目标：根据基础母猪存栏头数和品种，确定每周提供健康的断奶仔猪数，平均断奶成活率达95%以上。

● （二）工作内容 ●

1. 观察母猪

观察母猪食欲、体温、精神状况是否正常；是否便秘；有无阴道排出物；乳房是否发硬；胎衣是否排出等。

2. 清洁卫生

每天清扫猪舍，保持舍内清洁、干燥、空气清鲜。分娩舍实行全进全出，下一批母猪转入前，分娩舍须彻底消毒。

3. 待产接产

分娩前1周，母猪移入产房，特别注意母猪健康状况，注意母猪分娩征兆，母猪临近分娩，外阴颜色由红变紫，乳房肿胀有光泽，临产前，紧张不安、时卧时起、尿频等。做好接产准备，准备好记录表格、消毒药品、器械用具等。

母猪分娩过程为1~4小时，超过4小时可能难产，应采取助产措施。仔猪全产出后，胎衣全部排出需1~3小时，超过3小时，采取措施。仔猪出生后，及时抠出口、鼻中的黏液，擦干口、鼻及全身黏液。断脐后，涂上碘酊，称重做记录。让仔猪尽早吃初乳。假死猪，进行急救。产仔完毕，胎衣排出，注射抗生素。

4. 产后护理

母猪产后当天一般不喂，喂料量逐日增加至产后7天开始自由采食。舍内清洁干燥、通风顺畅，舍温控制在22℃左右。保证饮水充足。注意观察母猪精神状态。晚上提供照明，仔猪采取局部供暖措施。

5. 寄养调配

确保仔猪断奶重和出栏整齐度，仔猪可寄养给其他合适的母猪，做好寄养记录。

6. 猪群保健

按免疫规程，进行猪群的疫苗免疫接种工作。

7. 设备维护

检查生产设备是否运行正常，发现异常，及时报修。

四、保育舍管理

● （一）工作要点和目标 ●

工作要点：确保环境温暖、干燥，坚持防疫制度，及时做好猪病治疗、猪群周转和设备维修工作。生产目标：育成率达96%以上，体重达23千克以上，饲料报酬2∶1。

● （二）工作内容 ●

1. 进猪准备

保育舍采用全进全出制生产方式，猪转入育成舍后，保育要进行彻底的冲洗和消毒。从地面至屋顶，以及栏杆、料槽等舍内设备都要清洗干净，不留死角。冲洗干净后，用消毒剂进行喷雾消毒，必要时可熏蒸消毒。消毒完毕后，采用红外线供热保温设备预热猪舍。一般28℃左右，待猪转入。

2. 分群管理

仔猪转入保育舍，可原窝转入，也可根据仔猪性别、个体大小、体质强弱进行分群饲养。发现病猪及时隔离、诊治。弱仔及时挑出放入弱仔栏，增加采暖，补充营养，促进体质恢复。

3. 观察猪群

观察采食状况、精神状态、呼吸状况、是否有咬尾现象。粪便是否正常，有无腹泻、便秘现象。仔猪免疫系统不完善，易造成营养性、病原性腹泻，发现腹泻个体，及时对症治疗。

4. 喂料给水

仔猪转入保育舍，前5天限喂，防止过食引起腹泻，仍饲喂哺乳期仔猪料，1周至2周后更换成保育期仔猪料，并注意过渡。

5. 猪群保健

按免疫规程，进行猪群的疫苗免疫接种工作。

6. 仔猪调教

培养仔猪定点采食、排粪等的习性，便于粪便清理、节约饲料等。

7. 环境调控

仔猪畏寒，应采取局部供暖措施，保育前28℃左右，中期25~28℃，后期20~25℃。冬季注意保暖，夏季防暑降温。保育舍湿度应在60%~70%，湿度过低，洒水提高湿度，过高时，适度通风降低湿度。通风换气，提高舍内空气质量。减小噪声，防止仔猪惊群。

8. 设备检查

检查生产设备是否运行正常，发现异常，及时报修。

五、生长育肥舍管理

● （一）工作要点和目标●

工作重点：控制各种可控因素，创造良好环境，最大限度地发挥猪生长发育的遗传潜力，获得最佳日增重和饮料报酬。生产目标：育成率达98%以上，饲料报酬率3∶1。

● （二）工作内容●

1. 观察猪群

观察全群精神状态。猪群安静时，听呼吸有无异常，是否有喘、咳现象；仔细观察是否有咬尾现象；采食时，是否异常，如有无采食量下降、呕吐、拒食等。发现异常猪只，及时处理。观察粪便是否异常，如便秘、下痢等。及时找出病因，对症治疗。

2. 喂料换料

及时了解猪的总采食量。采用自由采食料槽，可一次性加足饲料，加料时根据余料情况，所加料保证猪吃饱，槽内又无剩料。冬季每周清槽一次，夏季每天清槽一次。换料时，注意循序渐进，逐渐过渡，让猪适应新饲料，过渡期3～5天。

3. 通风换气

加强猪舍通风，保证舍内空气质量，可降低呼吸道的发病率。要协调好通风与保温之间的关系。

4. 适时调栏

根据转入育成仔猪个体体况、性别、体重等进行调栏，病、弱猪，集中饲养。生病猪、外伤猪隔离单独饲养，康复后回原栏。

5. 猪群变动

记录好猪群的变动情况，转入、转出、死亡、淘汰等。

6. 卫生消毒

及时清理粪便，清扫栏舍，保证舍内环境卫生，并做好带猪消毒工作。

7. 设备检查

注意电器开关是否损坏，水阀是否漏水等。

第五节　猪场经营管理

一个规模养猪场要取得高产、优质、高效的生产业绩，其经营管理者不仅要提高科学养猪技术水平，同时要提高科学经营管理水平。猪场的经营管理是指为实现一定的经营目标，按照生猪生长规律和经济规律，运用经济、行政及现代科学技术和管理手段，对猪场的生产、销售、劳动报酬、经济核算等进行计划、组织和调控的科学，其核心是充分有效地利用猪场人力、物力和财力，获取最佳经济效益。主要包括以下几方面。

一、多种经营管理

多种经营是主业和辅助产业的有机结合，各种资源的综合有效利用，达到使主产业稳定收入的同时，更大幅度的创利增收，把闲置的有市场潜力的资源盘活。如我国农区，多以水稻或小麦等农作物生产为主，生猪、牛羊、家禽及水产养殖等为辅；牧区以畜牧业为主体，兼营农业和其他副业等。当前，中国广大农村多种经营，常以乡镇工业、家庭副业经济形式出现，并逐步向多部门、多层次、深加工的商品性生产方向发展。

对于现代养猪业生产来说，实行多种经营有许多优点：①有利于充分利用劳动力、土地和其他自然资源，缓和农业生产中劳动力、生产资料及资金使用的季节差别，增加农民收入，满足市场需要；②有利于充分发挥农业内部各部门间互相依存、相互促进的作用，使生产布局和生产系统合理化，发挥区域性农业的综合效益和整体效益；③有利于农业生产资金积累和扩大再生产，活跃农村经济。

衡量多种经营状况的指标是多种经营率，即多种经营收入占总收入的比重：多种经营率（％）＝（多种经营收入÷总收入）×100。主业经营相对稳定时，多种经营率提高越快，总收入、总产值增加越快，经营效果越好。

养猪业实行多种经营，采用多样化经营策略，有利于扩大了生产和市场范围，分散了经营风险，避免某种产品市场商情变动而影响收益，充分利用生产潜力和市场销售潜力等。

▲ 二、合作经营管理

合作经营通常是指两个或两个以上企业基于合同进行合作，共同从事某项产品的制造或销售，或者某个项目的经营，合作者之间依合同的约定投入资金、技术或设备以及劳务，并依合同的约定分享权益和分担风险。合作经营的方式主要包括：补偿贸易、产品返销，技术交换、来料加工、来料装配等。现代化猪场进行合作经营有利于降低经营风险，实现利润的最大化。

三、经营成本控制

猪场的效益高低取决于猪场的成本控制的好与坏，对于规模化猪场来说，提高能繁母猪年断奶仔猪数量及降低单位增重的生产成本，是猪场成本控制的关键。而采购成本和生产过程成本的控制也不可忽视。

● （一） 提高能繁母猪年提供的断奶仔猪头数●

能繁母猪年生产能力强，年提供的断奶仔猪头数多，单位产出的成本就低，生产效益就高；因此，必须充分发挥种猪的生产性能，才能有效降低生产成本。

1. 减少母猪的非生产天数

非生产天数是影响每头母猪年供断奶仔猪数的最重要因素。分娩率高，非生产天数就少，年供断奶仔猪数就多。

2. 缩短断奶配种时间

体况良好的断奶母猪，断奶后 7 天内，大部分都能发情、配种完毕。

3. 提高母猪的窝产活仔头数

提高公猪精液品质；适时配种，严格按输精的操作规程进行。

4. 加强饲养管理，做到精细饲养

防止胚胎早期死亡，提高产仔数。

（二）降低单位增重的生产成本

降低单位增重的生产成本，是规模化猪场控制成本的有效措施。与能繁母猪的生产能力密切相关，只有产出的最大化，才能使生产成本最低化。

1. 注重饲料品质，提高饲料转化率

养猪成本中，饲料成本占70%左右，其余为人工、水电费、药费、折旧等。因此只有降低饲料成本，才能有效地降低生产成本。

2. 加强疫病控制能力，确保猪群健康

只有健康的猪群，才能达到最好的生长速度和最佳的料肉比，才能有效地降低生产成本。

3. 降低环境因素的影响，减小应激

高温、低温、有害气体、运输、频繁的接种各种疫苗等各种应激，都会影响猪的抵抗力，造成饲料转化率降低，从而增加成本。因此，必须尽量减少各种应激，为猪群创造良好的环境。

（三）减少生产过程中各种浪费

养猪生产过程中，无论是散养户或规模化猪场，都普遍存在各种浪费，人为增加生产成本。

饲料浪费。怀孕舍母猪没有按要求严格饲喂，造成母猪过肥或过瘦；仔猪采食时将饲料吮出。

产房仔猪非正常死亡。比如压死、饿死等。

操作不规范，引起病原体感染而造成的损失。如仔猪有剪牙、断尾时消毒不严格，感染猪副嗜血杆菌，发生关节炎等。

体况差、伤病的母猪没及时护理而造成淘汰的损失。

总之，降低生产成本，提高养猪效益，首先是经营理念的转变，充分发挥种猪生产性能，提高饲料质量，降低增重成本，做到产出的最大化和成本的最低化，减少生产过程中人为的各种浪费，只有这样，才能有效地控制生产成本，取得良好的经济效益。

■ 四、上市猪体重控制策略

养猪不是越大效益越好，猪育肥满阶段后，继续再养不仅费料，而且瘦肉率开始下降。养猪需要合理的控制上市猪的体重，才能取得好效益，一般应掌握好两个原则：一是育肥猪的增重速度；二是瘦肉率水平。养殖户应根据市场上猪肉和饲料价格，作出灵活的判断，合理控上市猪体重。

猪的增重速度都遵循先慢，后快，再变慢的规律。生长后期，消耗饲料越多。通常小猪的料肉比为 3：1 左右，中猪的料肉比为 3.5：1 左右，到了肥满以后，料肉比达到 5：1以上。因此，当日耗费的饲料成本赶上生猪日增重的卖价，要及时将生猪出栏。

瘦肉率是影响生猪出栏体重的重要因素。猪育肥前期，生猪脂肪沉淀很少，当猪达一定体重后，脂肪沉淀速度开始加快，胴体瘦肉率开始下降。如果生猪出栏体重过大，活猪胴体会逐渐偏肥，将失去价格优势，从而降低效益。

　　养殖户必须留心市场的变化情况。如果猪价高，饲料价格便宜，可将猪养大些。如果猪价低，饲料贵，早点出栏就是更经济的选择。

五、设备利用率最大化

　　现代化的猪场，生产设备的自动化程度较高，固定资产投入大，养猪生产过程中，如果没充分合理使用猪场设备，就会出现资源浪费的现象，因此，加强设备维护、提高设备利用率，从客观上减少折旧费用和其他固定费用，降低生产成本，使养殖企业得到较高的经济效益。提高设备利用率的途径很多，如在养猪生产过程中，严格按养猪生产工艺流程进行，就不会出现猪舍、床、栏空闲的现象。就养猪生产而言，可选用五段式工艺流程，猪舍及设备的利用率和合理性较二、三、四段式高。

第四章　防疫制度化

第一节　猪场防疫要求

现代规模化养猪生产，群体大，密度高，为猪传染病的发生与流行创造了有利条件，为了减轻疫病对养猪业带来的损失，建立现代猪病防疫体系十分重要。猪场的疫病控制是一项综合多学科的系统工程，包括传染病学、微生物学、免疫学、畜牧学、环境卫生学、化学等多个学科。养猪生产应抓好猪场小气候环境控制、日常饲养管理和保健、免疫接种、卫生消毒、检疫监测、种源疫病净化等环节，采取综合措施，才能控制疫病的发生与流行。

一、猪场建设防疫要求

猪场应选择建在地形开阔、地势高燥、背风向阳、通风良好、电力充足、水质良好、排水通畅的沙质土壤上，便于猪舍保持干燥和卫生。最好配套建设作物种植基地、鱼塘、果林等，以便生产污水的处理。猪场应处于交通方便的位置，应与铁路、公路、城镇、居民区保持 500 米以上的距离。与屠宰场、畜产品加工厂、废物污水处理站、风景旅游区、其他猪场至少保持 2 000 米以上的距离。

猪场布局，从上风至下风方向分别安排生活管理区、生产区、隔离区，并且严格做到生产区和生活管理区分开，生产区周围有防疫保护设施。生产区按上、下风方向分别为配种怀孕舍、分娩舍、保育舍、育成舍、装猪台等次序排列。饲料仓库和种猪舍应设在生产区上风方向。

猪场大门必须设立与大门等宽，大型货车车轮周长1.5倍长，水泥结构的消毒池（如图），并装有喷洒消毒设施。生产区建围墙或防疫沟，围墙外种植棘类植物，形成防疫带，只留人员入口、饲料入口和出猪舍，减少与外界的直接联系。生产区的每栋猪舍门口必须设立消毒脚盆。猪场要有专门粪尿、污水处理设施，防止环境污染。场内道路应布局合理，设净道、污道，进料和赶猪道严格分开，不得交叉。可自建水塔或挖深水井，水质符合饮用水卫生标准。装猪台设在生产区围墙外。

猪场大门口消毒池

二、猪场管理防疫要求

猪场卫生防疫管理工作实行场长负责制，猪场饲养人员进场时应经过消毒通道，严禁闲人入场，因工作需要的特殊进场人员、参观人员，必须进行登记，更换场内专用衣服，并在消毒室经紫外线或药物喷淋系统消毒后，方可进入生产区。

生活管理区和生产区之间的入口应以消毒池隔开，人员必须在更衣室淋浴、更衣、换鞋，经严格消毒后方可进入生产区，生产区每栋猪舍门口设立消毒脚盆，生产人员经过脚盆再次消毒工作鞋后进入猪舍，生产人员不得串岗，各猪舍用具不得混用。

严禁外来车辆将饲料直接运入生产区。外来车辆将饲料运至饲料周转仓库，再由生产区的车辆转运至每栋猪舍。生产区内的任何工具，除特殊情况外不得离开生产区，任何物品进入生产区必须经过严格消毒，特别是饲料袋应先消毒后才能进入生产区，以免受污染的饲料袋引入疫病。

种猪场设种猪选购室，选购室最好和生产区保持一定距离，以隔墙（留密封玻璃观察窗）或栅栏隔开，外来人员进入种猪选购室之前必须先更衣换鞋、消毒，在选购室挑选种猪。

尽量避免犬、猫等动物进入生产区，场内生活区严禁饲养畜禽，生产区内肉食品要由场内供给，严禁场外带入偶蹄动物肉类制品。休假返场的生产人员必须在生活管理区隔离2

天后方可进入生产区工作。猪场后勤人员尽量避免进入生产区。全场工作人员禁止兼任其他畜牧场的饲养、技术工作和屠宰贩卖工作。保证生产区与外界环境有良好的隔离状态，全面预防外界病源入侵猪场。

　　加强装猪台的卫生消毒工作。外来车辆必须在场外经严格消毒后才能进入生活管理区和靠近装猪台，严禁任何车辆和外人进入生产区。装猪台平常应关闭，严防外人和动物进入。禁止外人（猪贩）上装猪台，卖猪时，饲养人员不得接触运猪车，任何猪只一经赶至装猪台，不得再返回原猪舍，装猪后对装猪台进行严格消毒。

三、猪场卫生消毒工作

　　消毒是采用物理、化学、生物学手段杀灭和减少生产环境中病原体的一项重要技术措施。其目的在于切断疫病的传播途径，防止传染病的发生与流行，是综合性防疫措施中最常采用的重要措施之一。

●（一）严格遵守消毒制度●

　　按生产日程、消毒程序的要求，将各种消毒制度化，明确消毒工作的管理者和执行人，使用消毒剂的种类及其使用浓度、方法，消毒间隔时间和消毒剂的轮换使用，消毒设施设备的管理等，都应详细加以规定。

●（二）做好日常、及时和终末消毒工作●

　　采用多种消毒方法对生产区和猪群进行消毒。日常定期对猪群、栏舍、道路进行消毒，定期向消毒池投入消毒液等，临产前对产房、产栏及临产母猪进行消毒、对仔猪的断脐、断尾、剪耳号、去势进行术部消毒；人员、车辆出入栏舍、生产区时进行消毒；饲料、饮用水进行消毒，医疗器械如体温表、注射器等进行消毒。当猪群中少数猪发生疫病时，对其所在栏舍进行局部强化消毒，并对发病或死亡猪只进行消毒和无害化处理。全进全出生产系统中，当猪群全部自栏舍中转出后，或发生烈性传染病的流行初期和在疫病流行平息后，准备解除封锁前应进行大消毒。

● **（三）消毒设施和设备配备** ●

主要包括场区大门口和生产区门口的大消毒池、猪舍门口小消毒池、人员进入生产区的更衣消毒室、消毒通道、处理病死猪和尸体坑、处理粪污的堆积场、发酵池等。常用消毒设备喷雾器、高压清洗机、高压灭菌器、煮沸消毒器、火焰消毒器、固液分离器等。

● **（四）严格执行消毒程序** ●

根据疫病流行规律，将多种消毒方法科学合理加以组合而进行的消毒。消毒程序应根据自身的生产方式、主要存在的疫病、消毒剂和消毒设备设施和种类等因素因地制宜加以制定。有条件的场还应对生产环节中关键部位的消毒效果进行检测，达到令人满意的消毒效果。

四、猪场免疫接种工作

使用疫苗等生物制剂对猪群进行有计划地预防接种，疫病发生早期对猪群实行紧急免疫接种，以提高猪群对相应疫病的抵抗力，是规模化猪场综合性防疫体系中一个极为重要的环节。做好常规疫病预防接种工作。如猪瘟（HC）、猪丹毒、猪肺疫、口蹄疫（FMD）等，其中，所有的猪均必须进行猪瘟（HC）、口蹄疫（FMD）的免疫注射。种猪疫病预防接种工作。如猪乙型脑炎（JE）、猪细小病毒（PPV）等，主要引起猪的繁殖障碍性疾病，会引起猪群中大量母猪不发情、返情、木乃伊胎、畸胎、弱仔及新生猪大量死亡等。这类疫病危害严重，必须严格按免疫程序进行接种才能控制危害。

五、日常保健与疾病预防

每天对全场猪群进行巡查，发现问题及时上报处理。定期对种猪、保育期仔猪和生长猪进行体内外驱虫工作，母猪进入分娩舍前 1～2 周在怀孕舍进行驱虫后间隔 6 天再驱虫 1 次，成年公、母猪、后备猪每季度驱虫 1 次。

定期进行各种类型药敏试验，筛选出最佳防治药物，根据不同季节气候变化特点在饲料中添加预防性药物，减少细菌性疫病的发生机会。

定期采血检疫，除日常详细记录整个猪群的基本情况，出现可疑病例及时送检外，每年应在猪群中按一定比例采血进行各种疫病的监测普查工作，并定期进行粪便寄生虫卵检查，同时做好资料的收集、登记、分析工作。做好死猪的剖检工作，随时掌握本场疫病动态。及时淘汰治疗效果不佳的病猪，防止疫病的传播。

坚持定期进行水质检查和对饲料进行微生物学和毒物学

检查，看是否含有沙门氏菌、霉菌毒素等有害物质。抓好猪群"围产期"各种疾病的防治工作，坚持防重于治。

六、种源的净化

坚持自繁自养，从非疫病流行地区引进种猪，隔离一个月后，严格检疫，确认无任何疫病（特别是繁殖与呼吸综合征等）后方可转入生产区混群饲养。种猪选取育过程中应重视提高种猪疾病的抵抗力，优胜劣汰，逐渐淘汰生产成绩差，抗病弱的个体及后代，经过多代的选取育，提高该品种的抗病力。定期检疫净化，防止猪只垂直传播或水平传播。大型种猪场应采取各种措施，逐渐净化各种种源，建立无特定病原种猪群。

七、加强信息收集，警惕疫情发生

贯彻落实《中华人民共和国动物防疫法》和国务院颁发的《家畜家禽防疫条例》，增强全场员工的防疫观念和意识，加强学习，更新知识，提高生产技术人员的整体素质。猪场领导着重引导技术人员抓防疫，重点解决常见的传染性疾病及防碍母猪正常繁殖的疾病，种猪场应和科研单位或大专院校保持长期的技术联系，积极参加各方举办的兽医学术活动，加强同当地畜牧防检部门的随时掌握疫病流行的信息，针对不同情况，及时采取相应的措施，防止疫病的发生，对近年来国内外新发生的疫病必须引起高度重视。

第二节　猪场主要疫病预防与控制

一、猪瘟

猪瘟俗称"烂肠瘟"，是由病毒引起的一种急性、热性、高度接触性传染病。传染性很强，易流行，发病率、致死率高，是危害养猪业发展最严重的一种疫病。

（一）病原

猪瘟的病原是猪瘟病毒。是较稳定的 RNA 病毒，只有一种血清型。病毒存在于病猪的全身脏器以及分泌物和排泄物中。分泌物、排泄物及死猪污染环境，将病毒散播，感染其他健康猪群，造成本病流行。猪瘟病毒对外界环境有着较强的抵抗力。最有效的消毒药是 2% 苛性钠溶液、20%～30% 热草木灰水、5%～10% 漂白粉液，可在 1 小时内杀死病毒。

（二）流行特点

自然情况下感染猪和野猪，任何品种、年龄和性别的猪均可感。病猪是主要的传染源，染病猪在发高烧的败血症阶段，病毒在体内大量繁殖，随粪、尿等排出体外，污染圈舍环境和生产用具，造成猪瘟传播和流行。传染途径主要是消化道。健康猪吃了被病毒污染的饲料和水，经扁桃体和口腔黏膜感染发病。此外，亦可通过呼吸道、眼结膜及皮肤伤口传染。

猪瘟病不受气候和季节等因素的影响，随时发病。如不按免疫流程接种猪瘟疫苗，一旦发病，在短期内便可造成广泛的流行，而且发病率和死亡率很高。

● （三） 症状●

本病潜伏期为 4~12 天，根据病程的长短，可分为最急性、急性和慢性猪瘟 3 种类型。

1. 最急性型

多发生在流行的初期，病猪常无明显症状，突然死亡。病程稍长的病猪，体温升高至 41~42℃，精神沉郁，皮肤发紫和有出血斑，极度衰弱等。病程 1~2 天，最后多数死亡。

2. 急性型

此型最常见。病猪的食欲减退，精神委顿，行走缓慢，摇摆不稳，弓背寒战，肢软无力。体温 40.5~42℃。眼结膜发炎，眼角流出脓性分泌物。病初便秘，粪球干小，后腹泻，并带有黏液或血便。病猪耳后、腹部、四肢内侧、外阴等毛稀皮薄处，出现紫红斑点，指压不褪色；公猪包皮发炎，阴鞘积尿，手挤有恶臭浑浊液状物流出。患病仔猪主要为神经症状，倒地抽搐、磨牙、角弓反张等。急性病例，多在一周左右死亡，死亡率可达 80%。

3. 慢性型

急性不死的病猪常转为慢性，便秘与腹泻交替发生，病猪表现消瘦、贫血、精神委顿、行走不稳。有的病猪皮肤上有紫斑或坏死痂。一般病程达到 1 月左右。不死者发育不良成为僵猪。

● （四） 剖检●

肉眼可见病理变化为广泛性出血、水肿等，最急性型，无明显病理变化，或仅能看到淋巴结、肾、黏膜和浆膜等有出血现象。急性型，主要呈典型的败血症变化。全身淋巴结肿大、充血或出血，呈暗紫色，切面周边出血，或红白下间，构成大理石样。肾脏不肿大，色泽较淡，被膜下及皮质部散在或密集小出血点；肾盂、肾乳头，甚至输尿管可见出血点。脾脏不肿大，多数病例的脾脏边缘有暗紫色的出血性梗死。肝脏变化不大。皮肤、喉头黏膜、会厌软骨、膀胱黏膜、心外膜、肺的表面、肠壁及腹膜等处也有出血点或出血斑。慢性型，是在盲肠、回盲肠瓣及结肠的黏膜上形成特征性圆形纽扣状溃疡，呈同心圆轮层状纤维素性坏死，突出于黏膜表面，呈褐色或黑色，中央凹陷。

● （五）诊断 ●

猪瘟的诊断主要依靠流行特点、临床症状及病理变化等方面进行。流行病学诊断，猪瘟病毒可致任何品种、年龄的猪发病。发病率和死亡率均高。药物治疗无效。临床症状诊断，体温持续上升，数天不降；脓性结膜炎；初便后腹泻。栗样粪球，且附有黏液或血结，皮肤上有小红点或红斑。指压不褪色等。病理学诊断，淋巴结周边出血，脾边缘梗死。病程较长的病例，在盲肠、结肠及回肠口处有纽扣状溃疡。

● （六）防治 ●

发现可疑病猪，兽医人员应立即进行现场检查，尽快确诊，并采取切实可行的积极措施，加以控制和消灭。首先，对全群进行检查。凡病猪及可疑病猪，要立即隔离饲养，并指定专人负责管理。对受威胁猪群，可用猪瘟疫苗进行紧急注射，制止新的病猪出现。新生仔猪，初乳前 2 小时肌注猪瘟疫苗，进行免疫。被污染猪舍、饲养用具，可用2%苛性钠溶液彻底消毒。病猪的粪尿、吃剩的饲料等运到距猪圈较远的地方，堆积发酵。病猪圈经过清扫、消毒处理后，须闲置 3 周以上，才可放入健康猪只中饲养。

二、猪伪狂犬病

猪伪狂犬病是由病毒引起的猪和多种动物共患的流行广的急性传染病。

●（一）病原●

本病是由伪狂犬病毒所引起，存在于血液、脏器、尿液及中枢神经系统中。

●（二）流行特点●

健康猪只与病猪、带毒猪接触或吞食伪狂犬病死鼠后易被感染，通过吮乳、交配、皮肤伤口、胎盘等多种途径也可感染。牛易感，猪次之。

●（三）症状●

潜伏期3～15天，仔猪发病后体温升高，精神沉郁，食欲废绝，继而狂奔乱跳，兴奋不安，阵发性痉挛。后期出现麻痹，流涎、吞咽和呼吸困难，最后衰竭死亡，病程 4～6 天。成猪仅表现出流感症状或隐性感染。孕猪多发生流产。

●（四）剖检●

脑及脑膜充血、出血，脑室积液增多；肝、脾有灰白色坏死点，心囊液增多，肺水肿或有出血点。

● （五） 诊断●

根据流行特点、临床症状、病理变化情况进行综合分析，初步诊断。确诊本病，可通实验室诊断和家兔接种试验。

接种实验方法如下。

病料采集与处理 无菌采集疑似患病猪只的脑组织、扁桃体、淋巴结等，剪碎后，置于洁净的组织匀浆器中研磨1分钟，用无菌生理盐水配成20%的混悬液，反复冻融3次，高速离心机中按3 000转/分钟，离心10分钟，取上清液加入双抗置4℃冰箱中，12小时后进行检验。

病料接种：将病料1毫升于颈部皮下注射。

结果判定：阳性：家兔接种后24小时后注射部位奇痒，啃咬接种部位，吐沫、乱跳，导致死亡；阴性：接种家兔无异常表现。

● （六） 预防●

搞好圈舍消毒工作，每周可用2%氢氧化钠溶液进行一次彻底消毒。搞好灭鼠工作，切断传播媒介。疫区内仔猪和母猪应注射伪狂犬病弱毒疫苗。乳猪首次肌内注射0.5毫升，断奶后再肌内注射1毫升。成猪及孕猪（产前1个月）可肌内注射2毫升。仔猪发病后，应及时扑杀淘汰。

三、猪圆环病毒病

猪圆环病毒病，又称仔猪断奶衰竭综合征，由圆环病毒所致，主要感染仔猪。呼吸困难、腹泻、消瘦、衰竭为其特征。

● （一）病原 ●

猪圆环病毒（PCV）属于圆环病毒科，圆环病毒属。圆环病毒 2 型是致病原，该病毒是动物病毒中体积最小的一种，无囊膜结构，对环境的耐受性较强，存活时间较长。主要分布在病猪的消化道、呼吸道及淋巴结中。

● （二）流行病学 ●

该病分布较广，主要感染 8~13 周龄仔猪。发病后死亡率达 20%~40%，饲养条件差、通风不良、气温骤降等应激因素是加重病情、促进死亡的诱因。

● （三）症状 ●

病猪精神沉郁、食欲不振、发育不良、生长缓慢、皮肤苍白、背毛逆立、腹泻、消瘦无力、呼吸困难、心跳加快等表现，有的甚至出现贫血或黄疸。体表淋巴结肿大。

● （四）剖检 ●

可视黏膜、浆膜表现贫血或黄疸。胃、肠系膜、气管等处淋巴结明显肿大，切面呈苍白色。肺部有散在隆起橡皮样硬块。脾肿萎缩，肾水肿、苍白、有白色病灶，被膜易剥脱。胃贲门部可发生溃疡。盲肠、结肠黏膜常有充血，盲肠壁有时水肿增厚。

● （五）诊断 ●

根据流行病学、临床症状、剖检变化可做出初步诊断，确诊需经病毒分离鉴定。还可应用荧光抗体检查方法，进行确诊。

● （六） 防治 ●

目前，尚无疫苗进行免疫接种和有效治疗方法。主要靠加强饲养管理和生物安全措施，改善卫生条件，对引进猪只严格检疫，加强猪场消毒，防止本病发生。治疗方面给予抗生素、磺胺类、病毒唑、支原净等，有助于治愈率的提高。

四、猪繁殖与呼吸综合征

猪繁殖与呼吸综合征，亦称蓝耳病，是病毒引起猪的一种繁殖和呼吸障碍性传染病，病猪表现为流产、死胎和木乃伊胎，仔猪发生呼吸道症状。

● （一） 病原 ●

本病的病原体为动脉炎病毒属，按照血清类型分为美洲型和欧洲型，我国发病的属美洲型。病毒对高温敏感，对低温稳定。一般酸、碱消毒剂都有较好效果。

● （二） 流行特点 ●

本病主要侵害繁殖母猪和仔猪，病猪和隐性带毒猪为主要传染源。病猪通过分泌物和排泄物向外排毒。传播途径主要是呼吸道，健康猪与病猪接触即可传染。该病能进行垂直传播或通过感染的精液进行传播。猪场饲养密度大，卫生条件差，可促使本病的发生与流行。怀孕后期的母猪和哺乳仔猪感染率较高。

● （三） 症状●

母猪病初体温升高，精神沉郁、食欲减退。妊娠后期发生早产、流产、木乃伊胎及弱仔等。仔猪主要表现呼吸困难。少数在耳部、口部、乳头、外阴部出现青紫，故又称蓝耳病。哺乳仔猪死亡率较高。

● （四） 剖检●

主要病变为弥漫性间质性肺炎，并伴有细胞浸润和卡他性肺炎区。病理组织学变化为肺泡壁增厚。母猪感染后，所产死胎胸腔内有大量积液。

● （五） 诊断●

根据临床症状及病理学变化可初步做出诊断。确诊需经实验室检查，即采取病猪的血清、精液、脾、扁桃体或流产胎儿的肺、脾、淋巴结、胸水或腹水，做荧光抗体或酶联免疫吸附试验，以检测血清抗体或用 PCR 技术从病料中检测病毒。

● （六） 预防●

做好防疫工作，接种猪繁殖与呼吸综合征灭活疫苗，母猪配种前 1 周肌内注身，公猪上、下半年各 1 次。不从病猪场或疫区引进猪只；引进种猪时应严格检疫，防止该病传人。对发病母猪及仔猪，不能留作种用，应予淘汰并作无害处理。圈舍保持清洁卫生，饲养密度合理，提高抗病能力，减少本病发生。本病目前无有效疗法。病猪场在饲料中适当添加泰乐菌素或长效土霉素，用作临时辅助疗法，减少仔猪的发病率、死亡率和继发病的发生。

五、猪乙型脑炎

猪乙型脑炎是由日本脑炎病毒引起的中枢神经系统损伤的人畜共患急性传染病。猪感染病毒主要表现母猪流产、死胎，公猪发生睾丸炎。

● （一）病原●

日本脑炎病毒属披膜病毒科黄病毒属，主要存在于神经组织、血液及睾丸内，外界因素抵抗力不强，一般消毒剂敏感。

● （二）流行特点●

猪是主要传染源。不同品种、年龄猪均可感染。多为隐性感染，5月龄易发。通过蚊虫叮咬传播。也可经胎盘进行垂直传播。呈现散发或地方性流行。

● （三）症状●

病猪表现为体温升高，精神沉郁，口渴，喜饮水，大便干且有黏液。后肢轻度麻痹，行走不稳，有摇头、磨牙、冲撞、转圈、视力障碍等神经症状。母猪出现早产、流产、死胎、木乃伊胎，公猪有一侧性睾丸肿大、发炎等表现。

● （四）剖检●

主要病理变化在脑、脊髓、睾丸和子宫。脑及脑膜充血，脑室积液，睾丸肿大、充血、坏死，子宫黏膜充血，水肿；流产，胎儿黏膜下组织水肿。

● （五）诊断●

根据其发病季节，流产，死胎，特别是木乃伊胎，公猪一侧性睾丸发炎、肿大，一般可做出初诊。确诊时，需进行红细胞凝集抑制试验、中和试验等实验室检查。本病要与猪布氏菌病、细小病毒病等相鉴别诊断。

● （六）防治●

改善环境卫生，病尸作无害化处理，做好消毒及灭蚊工作（病猪舍清扫后喷洒敌百虫溶液灭蚊后，再用2%苛性钠液或3%来苏儿溶液进行消毒），密闭型猪舍可直接进行熏蒸消毒。本病无有效疗法。必要时，可给予青霉素或磺胺类药物等。

六、口蹄疫

口蹄疫是偶蹄兽的一种急性、热性和高度接触性的传染病。猪口蹄疫的发病率很高，传染极快，流行面广。世界各国对口蹄疫都十分重视。

● （一）病原●

口蹄疫的病原为口蹄疫病毒，根据口蹄疫病毒免疫原性的差异，分为 A、O、C 等 7 个主型和 80 多个亚型。病毒存在于病猪的血液、水疱皮、水疱液、口涎等及排泄物中。口蹄疫病毒对外界环境的抵抗力较强，在低温条件下，毒力能够保存，不会减弱，在体外能耐寒冷几个月不死，所以，冬、春季多发病。高温和阳光易杀死病毒。在直射阳光下，病毒

60 分钟即死亡，煮沸可立即死亡。对酸、碱敏感。一般酸、碱消毒剂均有效果。

● （二）流行特点 ●

猪对口蹄疫病毒特别易感，仔猪更易发，病情重，死亡率高。传染途径主要是消化道，通过损伤的黏膜和皮肤亦可感染。本病流行特点是传染快、流行广、发病率高，在同一时间内，牛、羊、猪可同时发病。本病一年四季都可发生，冬季和早春达到高峰。

● （三）症状 ●

病初体温升高至 40～41.5℃，精神不振，食欲减少。主要症状表现为蹄部、蹄冠、蹄叉和蹄踵部皮肤上出现局部红肿，继而形成水疱。水疱内有灰白或灰黄色液体。水疱初似米粒、绿豆大小，后发展到蚕豆大小。水疱破溃后，形成出血的暗红色糜烂面，随后结痂转愈。蹄部初现水疱，跛行不明显，蹄部继发感染，引起蹄壳脱落。病猪鼻盘、齿龈、舌、腭部等也可出现水疱，破溃后，露出浅的溃疡面，不久可愈合。母猪的乳房和乳头的皮肤发生水疱，破裂后发生糜烂，不久结痂。仔猪患此病后，死亡率60%以上。主要病状为急性胃肠炎，剧烈拉稀，严重者高热，萎靡，心跳和呼吸加快，痉挛叫鸣，心肌麻痹而死。

● （四）剖检 ●

病猪在咽喉、气管、胃黏膜等处有溃疡，大、小肠可见出血性炎症。心肌色淡，质地松软，呈淡灰黄色斑纹，俗称"虎斑心"。

● （五） 诊断 ●

猪口蹄疫的流行特点和临床症状都很典型，容易做出初步诊断。本病影响巨大和病毒具有多型性的特点，发病地区，必须采取水疱皮和水疱液，迅速送到指定的检验机构进行检查，以便确诊和鉴定毒型。

● （六） 防治 ●

猪发生疑似口蹄疫，要立即报告疫情，组织人员进行会诊和采取病料，迅速送专门机构进行诊断和鉴定毒型。按照"早、快、严、小"的原则进行封锁、扑杀、消毒、无害化处理，防止发生蔓延和流行。猪圈、食槽及饲养管理用具，可用0.1%灭毒净、2%氢氧化钠溶液消毒。

七、猪细小病毒病

细小病毒病是由细小病毒所引起母猪发生的一种繁殖障碍性疾病。

● （一） 病原 ●

细小病毒属于细小病毒科细小病毒属，对常用消毒药品不敏感，对环境的抵抗力很强，能在圈舍中生存数月不死，一般通过口、鼻、精液、胎盘感染。

● （二） 流行特点 ●

可感染不同年龄、性别的猪。病猪是主要传染源，可通过精液、胎盘及其他分泌物、排泄物进行传染。

● （三） 症状●

母猪感染病毒后，无明显临床症状，仅表现为发情失常，不易受胎或胎儿死亡，出现流产、死胎、畸胎和木乃伊胎。

● （四） 剖检●

一般无明显病理变化，仅见感染死亡胎儿充血、出血、水肿、体腔积液或木乃伊胎。母猪可见轻度子宫内膜炎。

● （五） 诊断●

根据母猪发情异常、不孕、产畸胎、死胎、木乃伊胎、弱胎等繁殖障碍，而母猪本身又无症状即可初步诊断为此病。确诊需进行血细胞凝集试验、血细胞凝集抑制试验等。

● （六） 防治●

本病尚无有效疗法。在预防上，应做到从非疫区引种。并严格检疫，隔离观察1个月后并群饲养。按规程对猪进行猪细小病毒灭活苗接种，以提高生产母猪（尤其是初产母猪）的免疫能力。另外，还要做好猪舍消毒工作。

八、传染性胃肠炎

传染性胃肠炎是由猪传染性胃肠炎病毒所引起，可发生于各种日龄的猪。

● （一） 病原●

猪传染性胃肠炎病毒属于冠状病毒，有囊膜，形态多样。存在于病猪各种组织器官、体液及排泄物中，小肠黏膜及肠内容物中含量最高，该病毒怕光，对热和消毒药敏感。

● （二） 流行特点●

猪易感，尤其是 10 日龄内的仔猪，死亡率高。通过消化道及呼吸道传染，冬、春寒冷季节易发生流行。

● （三） 症状●

患病初期表现为呕吐，继而呈急性水样腹泻，粪便呈黄绿或灰白色，味腥臭。食欲减退，口渴，喜饮水，迅速消瘦、脱水，死亡。育肥猪、成猪症状较轻，表现腹泻、食欲减退、口渴、脱水，体温一般不高，呈良性经过，发病 1 周后可痊愈。

● （四） 剖检●

尸体脱水明显，胃黏膜充血、出血，哺乳仔猪胃内有凝乳块。小肠内积有黄绿色或灰白色水样内容物。肠系膜和肠系膜淋巴结充血、肿胀。

● （五） 诊断●

根据寒冷季节多见，不同年龄的猪只均可发生，流行快、发病率高、致死率低、呕吐、水样腹泻等特点，可做出初步诊断。用病毒分离鉴定与检测病毒抗原的直接免疫荧光法、双抗体夹心酶联免疫吸附试验及检测血清抗体的中和试验、间接酶联免疫吸附试验进行诊断。

● （六） 防治●

加强饲养管理，给予全价饲料，提高猪只抗病能力。加强猪舍防寒保暖，经常进行环境消毒，母猪产前 25 天，肌内注射该弱毒苗 2 毫升；该病目前尚无有效疗法，所以只能采取对症治疗，可减少猪只死亡。

九、流行性腹泻

流行性腹泻是由流行性腹泻病毒所引起，传播快，流行期短，多发于冬季寒冷季节。主要症状是严重腹泻、呕吐和脱水。

● （一） 病原 ●

为猪流行性腹泻病毒。属于冠状病毒科，冠状病毒属。病毒表面有囊膜和棒状纤突。对氯仿、乙醚敏感，对外界环境抵抗力不强，易被碱性消毒药杀死。

● （二） 流行特点 ●

各种年龄的猪只都易感染，呈暴发性流行；通过消化道感染，发病率高，死亡率低。天气寒冷时易造成广泛流行。

● （三） 症状 ●

潜伏期数小时至 2 天，表现为精神沉郁，食欲减退，继而排水样便，色灰黄，有时呕吐。日龄越小，病情愈重，死亡率愈高，一般腹泻 4～7 天痊愈。

● （四） 剖检 ●

病变部位在胃和小肠，可见胃肠黏充血，小肠膨胀，内含大量黄色液体。肠壁变薄，肠系膜淋巴结水肿。

● （五） 诊断 ●

根据临床症状、流行特点等可初步诊断，确诊需进行实验室诊断。应注意与其他腹泻型猪病进行鉴别。

● （六） 防治 ●

搞好环境卫生，可用流行性腹泻灭活苗进行预防。病猪一般可给予药物对症治疗，如用穿心莲、痢菌净、硫酸阿托品注射液、或内服抗病毒、止泻利水的中药制剂等。

十、猪布氏杆菌病

布氏杆菌病是人畜共患的一种慢性传染病。主要侵害生殖系统，母猪患病后，发生流产、子宫炎、跛行和不孕症；公猪患病后，睾丸及附睾发炎。

● （一） 病原 ●

布氏杆菌呈球杆状，革兰氏染色为阴性。可产生内毒素。对热、庆大霉素、链霉素及一般消毒药均很敏感，对青霉素有耐药性。

● （二） 流行特点 ●

猪患布氏杆菌病主要是猪型布氏杆菌所引起，羊型布氏杆菌对猪也有一定的致病力。病猪及带菌猪是主要的传染源。细菌可从胎儿、胎衣、羊水、阴道分泌物中大量排出，污染产房、猪圈及其他物品。通过破损的皮肤、黏膜、消化道、交配传染。幼猪对本病有一定的抵抗力。5 月龄以下的猪易感性较低。本病通常呈地方流行，一个猪场一旦有本病发生，常常多年不易消除。本病无季节性，但有产仔季节发病比较集中的现象。

● （三）症状●

　　染病母猪的主要症状是流产，多发生在怀孕后 2 ~ 3 个月。早期流产的胎儿和胎衣，多被母猪吃掉，常不被发现，流产前的症状也不明显。流产发生在中、后期时，多见死胎、弱仔。染病公猪主要表现为睾丸和附睾发炎，一侧或两侧无痛性肿大。有的病状较急，局部热痛，并伴有全身症状。有的病猪睾丸发生萎缩、硬化，甚至性欲减退或丧失，失去配种能力。无论病公猪或是病母猪，都可能发生关节炎，且多发生在后肢。局部肿大、关节囊内液体增多，有关节僵硬、跛行等表现。

● （四）剖检●

　　流产的胎衣充血、出血和水肿，表面覆盖淡黄色渗出物和纤维素性物，有的还见有坏死病灶。母猪可见卵巢囊肿，子宫黏膜上有许多粟粒大的淡黄色化脓灶或干酪化小结节，内含脓液或豆腐渣样物质。公猪睾丸和附睾肿大，切开见有豌豆大小的化脓和坏死灶，甚至有钙化灶。关节和滑液囊内见有浆液和纤维素性物，病重者可见化脓性炎症和坏死。

● （五）诊断●

　　根据临床症状、病理变化及流行特点，一般可做出初步诊断。确诊尚需取流产胎儿的胃内容物、肝、脾、淋巴结及胎衣、阴道分泌物等病理材料进行实验室检查。常用的方法有制片镜检查菌体形态、血清凝集试验、变态反应等。

● （六）防治●

　　猪场要坚持自繁自养的方针，从外场引种时，做好检疫和隔离工作。当猪场有可疑布氏杆菌病发生时，应及时进行综合诊断。检疫出的阳性猪，应予淘汰。发病猪场，对检疫证明无病的猪，用布氏杆菌猪型 2 号弱毒冻干菌苗进行预防注射，加强兽医卫生管理，特别要注意产房及用具的彻底消毒。妥善处理流产胎儿、胎衣、羊水及阴道分泌物。

十一、副猪嗜血杆菌病

副猪嗜血杆菌病是由副猪嗜血杆菌所致，以多发性关节炎和浆膜炎为特征的一种新的危害比较严重的疫病，严重危害仔猪和青年猪的健康。

● （一） 病原●

副猪嗜血杆菌是一种长短粗细不等的多形性的杆状菌，多有荚膜，革兰氏染色呈阴性。抗逆性不强，该菌具有 15 种以上的血清型，并且血清类型的地方特征也比较明显。

● （二） 流行特征●

猪易感，尤其保育和育成阶段的猪只。5 ~ 8 周龄的猪只发病率达 10% ~ 50%。我国已有 10 多个省市流行该病。尤其猪群混养和引进种猪较多的猪场绝大部分存在该病。本病一年四季均可发生，但春秋多发。

● （三） 症状●

本病流行初期多呈急性型，表现为体温升高、食欲减退、呼吸困难、关节发炎肿大、卧地不愿走动、跛行、血循障碍、衰竭死亡。耐过猪转为亚急或慢性型。表现为咳嗽、发喘、被毛无光、生长发育迟滞，甚至形成僵猪。

● （四）剖检 ●

病理变化可见胸腔内大量淡红色液体，心包炎症。肺表面有大量纤维素性渗出物。关节腔内积有多量浆液、黏液和脓性分泌物，关节面粗糙不平，附有纤维素性物；体内浆膜一处或数处呈现纤维素性炎症病变。浆膜腔内积有多量浆液或化脓性纤维蛋白渗出物。

● （五）诊断 ●

根据流行发病情况、临床症状表现和病理变化情况，一般可做出初步诊断，确诊仍需要进行实验室诊断。猪场采集病料，如危重病猪或死猪的心脏、肺脏、脑组织、患病浆膜或关节，进行病原学、血清学检验。

● （六）防治 ●

改善环境卫生条件，加强饲养管理，坚持自繁自养，按免疫规程用副猪嗜血杆菌灭活苗，进行免疫接种。对病猪和同群猪给予抗生素注射治疗，较为敏感的药物可选用头孢菌素、氟喹诺酮、增效磺胺、庆大霉素等。

十二、传染性胸膜肺炎

传染性胸膜肺炎是猪的呼吸道传染病，其特征为胸膜和肺部发生纤维素性炎，急性者病死率高。

● （一）病原 ●

病原体为胸膜肺炎放线杆菌，属革兰氏阴性小杆菌，具有典型球杆菌形态。其抵抗力较弱，一般消毒剂很快即可将其杀灭。

● （二）流行特点 ●

本病可感染各年龄猪。病猪和带菌猪为传染源，呼吸道为传播途径。主要发生于3月龄猪。每年4—5月和9—11月多发。畜舍饲养环境差、通风不良、湿度较高、饲养密度过大、气候骤变等情况下发病率上升。

● （三）症状 ●

本病发病快、病程短、发病率和死亡率高，自然感染的潜伏期为1~2天。急性者体温升高到42℃，精神委顿，食欲废绝，呼吸高度困难，常表现张口呼吸或呈犬坐姿势而不愿卧地。鼻、耳、四肢皮肤发绀。临死前从口、鼻中流出大量带血色泡沫状液体。

● （四）剖检 ●

主要病变在胸腔，肺炎大多为两侧性，病变部呈暗红色，界限明显，硬度增加。气管及支气管内充满带红色黏液性泡沫样渗出物。纤维素性胸膜炎灶明显，胸腔内含有带红色液体。慢性者肺部炎灶常为结节或坏死，胸膜增厚，粗糙不平，常通过纤维素性物与肺发生粘连。

● （五）诊断 ●

根据流行特征、临床症状和剖检变化可以做出初步诊断，确认需作细菌学检查。从鼻腔、支气管或肺部采取病料，作制片镜检和分离培养。也可采取血清进行补体结合反应或凝集反应。

● （六）　防治 ●

改善环境卫生，定期消毒。畜舍通风顺畅，保持舍内空气新鲜。按免疫规程接种猪传染性胸膜肺炎灭活菌。严禁引进病猪，引进猪需隔离检疫 30 天以上后并群。发现病猪立即隔离治疗。可肌内注射盐酸林可霉素（喘毒先锋）、复方磺胺间甲氧嘧啶、卡那霉素。

十三、猪气喘病

猪气喘病又称猪支原体肺炎、地方流行性肺炎，是猪的一种慢性、接触性传染病。

● （一）　病原 ●

病原为肺炎霉形体（支原体），形态多样。病原对外界环境的抵抗力不强，当病原体排出猪体后，生存时间一般不超过 36 小时，高温、日光、干燥及常用的消毒药液，都可在较短时间内将其杀死。对青霉素、磺胺类和链霉素不敏感。

● （二）　流行特点 ●

猪易感，任何年龄、性别、品种和用途的猪都可感染发病，但哺乳仔猪和刚断乳的仔猪最易发，患病后症状明显，死亡率较高。病原体存在于病猪的呼吸道器官内，随病猪咳嗽、喘气和喷嚏的飞沫排到体外。健康猪通过呼吸而感染发病。病猪是主要传染源，特别是隐性带病猪。本病一年四季均可发生，但在气候多变、阴湿寒冷的冬春季发病严重，症状明显。

● （三） 症状 ●

　　猪气喘病的潜伏期一般为 11 ~ 16 天。发病早期，病猪（特别是仔猪）的主要症状为咳嗽。在吃食、剧烈跑动、天气骤变时，咳嗽最明显。病猪体温、精神、食欲都无明显变化。随着病程延长，咳嗽加重，次数增多，由单声咳嗽变为连续咳嗽，干咳变为湿咳，常站立不动，拱背、伸颈，头下垂几乎接近地面，直到把呼吸道中的分泌物咳出或咽下为止。病的中期，出现喘气症状，腹部随呼吸动作而有节奏的扇动，特别是在站立不动或静卧时最明显，听诊肺部有干性或湿性啰音，呼吸音似拉风箱样，精神委顿，没有食欲，体温 40.5℃，被毛粗乱，结膜发绀。

● （四） 剖检 ●

　　本病主要病变在肺脏和肺部淋巴结。肺尖叶、心叶、隔叶前下缘及中间叶，可见淡红色或灰红色肺炎病变区，界限明显。随着病程的延长，病变部转为灰白色或灰黄色。肺门和纵隔淋巴结肿大，质硬，切面呈黄白色，淋巴滤泡明显增生。

● （五） 诊断 ●

　　根据流行特点、临床症状等可初步作出诊断，确诊需借助 X 光诊断和病原学诊断。

● （六） 防治 ●

　　认真贯彻"自繁自养"的方针，是预防本病的关键措施。发病后，严格隔离，加强饲养管理，对症治疗，淘汰病猪。尚无有效疗法。可采用药物对症治疗，减轻症状。

十四、仔猪水肿病

仔猪水肿病由大肠杆菌产生的内毒素所致，是断奶仔猪的一种过敏性疾病。以水肿及神经症状为主要特征。发病率30%~50%，死亡率80%。

● （一）病原●

大肠杆菌，条件性致病菌，饲养管理条件差时可致病。

● （二）流行特点●

本病通过消化道感染，多发生于断奶仔猪，一年四季均可发生，但以冬、春多见。

● （三）症状●

突然发病，精神委顿，不食，面部、眼睑水肿，严重者全身水肿，有压痕。病初表现兴奋、痉挛、转圈、共济失调等神经症状，继而后躯麻痹，死亡。体温一般无变化，病程短，死亡率高。

● （四）剖检●

病变特征是各组织水肿，切开水肿部位，可见皮下及肌间有大量浆液流出。胃壁水肿增厚，大肠和肠系膜也高度水肿。胸、腹腔积有多量液体。

● （五）诊断●

根据流行特点、临床症状和病理变化，可作出初步诊断。确诊时取小肠内容物分离培养、鉴定。

●（六）预治●

保持良好的环境卫生，不要突然更换饲料，肌内注射猪水肿病多价灭活苗进行预防。该病疗效不佳，一旦发现病猪，可内服硫酸钠等盐类泻剂，以尽早排出肠道内毒素，肌内注射亚硒酸钠维生素 E 注射液。

十五、猪肺疫

猪肺疫，又称猪巴氏杆菌病、猪出血性败血症（猪出败），俗称"锁喉风"。

●（一）病原●

猪肺疫的病原体是多杀性巴氏杆菌，革兰氏阴性菌。本菌对外界环境的抵抗力不强。在直射阳光下，经 10~15 分钟死亡；加热易杀死本菌；一般消毒药物均有良好的杀灭作用。

●（二）流行特点●

主要传染源为病猪及其分泌物、排泌物、内脏、血液等，通过被污染的饲料、饮水和其他物品，经消化道直接接触和通过呼吸道也可传染。本病多发生于中、小猪只，成年猪患此病者较少。一年四季都有可发生。但从为零星散发，呈慢性经过，常与慢性猪瘟、仔猪副伤寒和猪气喘病混合感染或继发于其他疫病。

●（三）症状●

本病潜伏期的长短随细菌毒力强弱而定。据病程可分为最急性、急性和慢性 3 种类型。

1. 最急性型

无任何临床症状，突然死亡。病程稍长者，体温升高至41℃以上。食欲废绝，精神沉郁，肌颤，黏膜发绀。较典型的症状是急性咽炎，颈下咽喉部急剧肿大，紫红色。触诊坚硬而热痛。重者炎性水肿可波及耳根和前胸部，病猪呼吸极度困难，伸颈，张口喘息，口鼻流出白色泡沫液体，有时混有血液。

2. 急性型

主要表现为肺炎病状。体温高至41℃左右，精神不振，食欲减少。病初干咳，后变湿咳，鼻孔流出浆性或脓性分泌物。角诊胸壁有疼痛膜，呼吸困难，结膜发绀，皮肤上有红斑。病初便秘，后转腹泻，消瘦无力。

3. 慢性型

食欲和精神不振，持续性咳嗽，呼吸困难，被毛粗乱，行走无力；如不及时治疗，常于发病后2~3周衰竭而死，不死者多转为僵猪。

● （四） 剖检●

最急性病例为全身皮下、黏膜、浆膜等处有明显的出血；咽喉部黏膜因充血炎性充血、水肿而增厚，使黏膜高度肿胀。气管充满泡沫。急性型病例主要表现为肺部炎症，肺小叶间持水肿增厚，右见有暗红、灰红或灰黄等不同色彩的肝变，切面呈大理石样。胸膜和心包膜粗糙、无光泽、上附纤维素性分泌物，甚至心包和胸膜发生粘连。

● （五） 诊断●

最急性病例常突然死亡或表现为急性咽喉炎，颈部高度红肿，呼吸困难及败血症变特征，可据此初步诊断，实验室血涂片、组织涂片染色镜检，发现两端钝圆小杆菌，可以确诊。慢性型以低热、咳嗽、食欲不振为主要特征确诊。

● （六）防治●

加强饲养管理，定期进行猪肺疫疫苗预防接种。发现病猪，及时隔离和治疗。可肌内注射磺胺嘧啶钠、喘毒先锋（盐酸林可霉素）、青霉素和链霉素进行治疗。并搞好消毒及无害处理。

十六、猪链球菌病

猪链球菌病是由链球菌引起人畜共患的一种传染病。仔猪多发生败血型和脑膜脑炎型；中猪多发生慢性、化脓性淋巴结炎和关节炎型。

● （一）病原●

病原为溶血性链球菌，革兰氏染色阳性，形态为球形或卵圆形。对干燥、湿热均较敏感，常用消毒药易将其杀死。该菌广泛分布于自然界，经口、鼻和皮肤伤口而传染。

● （二）流行特点●

本病一年四季均可发生，各种年龄猪都易感染，仔猪发病率和死亡率较高，对养猪业的发展有较大的威胁。病猪和带菌猪是主要传染源。可经消化道、呼吸道、伤口感染。

● （三） 症状 ●

1. 败血症型

流行初期多见。有的无症状出现就突然死亡，有的体温升高达42℃以上，耳尖、四肢及腹下有紫红斑。结膜潮红，流泪，呼吸加快，有鼻液，有的跛行，病程2~4天或转为慢性型。

2. 脑膜脑炎型

除拒食、体温升高等一般症状外，主要表现为空嚼、磨牙、运动失调、转圈、后躯麻痹、四肢作游泳动作等神经症状。

3. 慢性型

主要表现为关节炎症，颌下、颈部淋巴结发生化脓性炎症。病程3~5周。

● （四） 剖检 ●

败血型可见到各器官有出血点，心包积液增多，脾肿大，各浆膜发生炎症变化。脑膜脑炎型可见脑膜充血、出血，脑脊髓液浑浊、增多，含多量白细胞，脑实质有化脓性炎症变化。慢性关节炎型，可见关节皮下有胶样水肿。

● （五） 诊断 ●

本病确诊需进行实验室检查，取病料，制成涂片，用碱性美蓝和革兰氏染色液染色，显微镜检查，见到单个、成对或链状排列，呈紫色（阳性）者，可确诊。

● （六） 防治 ●

按免疫规程肌内注射猪链球菌灭活苗。病猪可用青霉素、环丙沙星、磺胺嘧啶钠等肌内注射。

十七、传染性萎缩性鼻炎

传染性萎缩性鼻炎是由支气管败血波氏杆菌所引起的一种慢性、接触性传染病。常伴发巴氏杆菌感染，使病情加重。

● （一） 病原●

支气管败血波氏杆菌是一种短小球杆状细菌，可产生荚膜和坏死毒素，革兰氏染色呈阴性且两极着色。该菌对外部环境的抵抗力弱，一般消毒剂即可将其杀死。

● （二） 流行特点●

不同年龄猪均可感染，但仔猪易感染，可致鼻甲骨萎缩，青年猪可表现为卡他性鼻炎，成年猪隐性经过。病猪和带菌猪是主要传染源。环境条件差或营养不良是本病发生的诱因。常通过飞沫经呼吸道传播。

● （三） 症状●

病猪表现为不安，鼻黏膜发炎，打喷嚏，鼻痒，摇头，鼻端拱地。鼻孔流出鼻液，呼吸困难，发鼾。继之鼻甲骨萎缩，面部变形，鼻短或歪鼻，两眼间距变小，头部轮廓变形，生长停滞，成为僵猪，饲料转化率低。

● （四） 剖检●

鼻腔骨组织软化、萎缩，鼻甲骨脆弱，尤以下卷曲更为明显。鼻中隔弯曲，一侧鼻孔变狭，鼻腔有大量黏脓性渗出物。

● （五）诊断●

根据其流行特点、症状不难做出诊断。必要时可取病猪的血清，做凝集试验。

● （六）预防●

加强检疫，严禁引入病猪，圈舍保持清洁卫生，经常用2%苛性钠溶液喷洒消毒。饲料中添加磺胺嘧啶有助于本病的预防。疫区场于28日龄肌内注射传染性萎缩性鼻炎灭活苗2毫升；妊娠母猪于产前30天、15天各肌内注射2毫升。猪场一旦发现病猪则应及时扑杀，并作无害化处理。

十八、弓形虫病

猪弓形虫病又称弓浆虫病，是由弓形虫引起人畜共患的一种寄生虫病，仔猪多见。

● （一）病原●

弓形虫病的病原是刚第弓形虫，根据虫体发育阶段的不同共分5型。即在中间宿主（人、畜）体内的滋养体、包囊2型和终宿主（猫）体内的裂殖体、配子体和卵囊3型。滋养体呈月牙形或弓形，一端钝圆，一端稍尖；包囊呈卵圆形，有较厚的囊膜，内有数十至数千个虫体，裂殖体、配子体是在猫细胞内繁殖的虫体；卵囊呈卵圆形，表面光滑，有双层囊壁。

● （二）流行特点●

滋养体、包囊、卵囊被猫食入后，在猫肠上皮细胞进行有性繁殖，产下卵囊随粪便排出体外，污染饲料、水源等。猪吃了被污染的饲料和水被感染。母体内弓形虫可通过胎盘传播给胎儿，造成先天性感染。

● （三）症状●

多发生于 3 月龄仔猪，体温升高到 40～42℃，食欲减损，精神沉郁。体表淋巴结肿大，皮肤出现紫红斑。有的出现黑红色血便、呼吸困难或神经症状。病程短，死亡率高。

● （四）剖检●

肺部发生水肿、有小结节和坏死灶。脾肿大，肝、脾有灰白色坏死灶和出血点，肠有溃疡和纤维素性炎。全身淋巴结肿大，有粟粒大灰白色的坏死灶和出血点。

● （五）防治●

圈舍要保持清洁卫生，防止猫类进入猪舍，病死猪应深埋，严禁食用。发病猪，可用磺胺嘧啶、甲氧苄胺嘧啶等进行治疗。

十九、仔猪黄痢

仔猪黄痢由大肠杆菌所致，因主要危害 1 周龄以内的仔猪，亦称早发性大肠杆菌病。它是一种急性、致死性传染病。多成窝发病。

● （一）病原●

为大肠杆菌，系一种条件性病原菌，对高热和常用消毒药敏感。

● （二）流行特点●

该病于气候寒冷、骤变、环境卫生条件差时多发。发病率高，致死率也高。

● （三）症状●

最急性于生后 10 多小时突然死亡。生后 3 天以上发病者，病程稍长，排黄色稀粪，精神不振，不吃奶，肛门松弛呈红色，很快消瘦、脱水、衰竭死亡。

● （四）剖检●

表现为急性卡他性胃肠炎。小肠内充满黄色黏稠内容物，肠壁变薄，肠黏膜呈红色。

● （五）诊断●

可根据流行特点、症状、病变进行诊断。

● （六）防治●

勤打扫消毒，保持圈舍清洁卫生；母猪体表、乳头要勤洗刷、消毒，防止污染细菌吮乳时受到感染。母猪在分娩前肌内注射仔猪黄白痢灭活苗。发现病猪时，应全窝进行预防性治疗。

二十、仔猪白痢

仔猪白痢是由大肠杆菌引起的一种常见肠道传染病。主要危害 10 ~ 30 日龄的仔猪。

● （一）病原●

　　大肠杆菌是一种条件性病原菌，健康猪肠道内经常存在，气候发生变化、饲养不善或卫生条件差时，即可诱发本病。该菌对高热和常用消毒药敏感。

● （二）流行特点●

　　本病一年四季都可发生，发病率高，但致死率低。

● （三）症状●

　　病猪突然发生腹泻，排出乳白色和灰白色糊状稀粪，且混有黏液和气泡，腥臭，肛周围常被稀粪污染。精神不振，食欲减损，被毛粗乱，体温正常，后期因脱水而消瘦，继而衰竭死亡。

● （四）剖检●

　　尸体苍白，脱水消瘦，胃内含有凝乳块，肠内容物呈白色糊状。

● （五）诊断●

　　根据 10～30 日龄仔猪拉白色糊状稀粪，发病率高，死亡率低，结合类症鉴别诊断，不难确诊。

● （六）防治●

　　加强怀孕期母猪的饲养管理，注意饲料营养全面，补充矿物质和维生素；圈舍定期消毒；分娩后的母猪体表及乳头要洗刷消毒。仔猪尽早吃初乳，固定乳头。要加强仔猪的防寒保暖工作。在母猪分娩前肌内注射仔猪黄白痢灭活苗。发病后，可用复方痢菌净、特效肠炎净注射液进行治疗。

第五章 **粪污无害化**

第一节　粪尿污水的收集

现代化猪场生产规模较大，粪便的清理工作极其繁重，占猪场全部工作量的60%以上，清粪是利用生产工具将生猪圈舍内的粪便清除至舍外的过程，按照所用工具和方法的不同，一般分为人工清粪、机械清粪等方式。

一、人工清粪

人工清粪主要靠人工清扫，用手推车将粪便运至舍外的方式。该方法优点是简便，不用机械设备，不用电，用水少，投资低；缺点是劳动强度大，生产效率低。小型规模化猪场和大部规模化猪场的配种妊娠舍、育肥舍多采用该种方式。随着生产水平和集约程度的提高，该种方法越来越不能适应现代化生产的要求，将被先进的机械设备逐步取而代之。

二、机械清粪

机械清粪是利用机械将粪便清至舍外，常采用的机械设备主要铲式清粪机、刮板式清粪装置和输送带式清粪机等。

优点是可以代替人力，减轻劳动强度，提高劳动效率；缺点是投资高，耗电量大，粪尿对金属腐蚀性大，装置耐作性差，设备使用期短，平均使用寿命 2~3 年。机械清粪虽然存在一些缺点，但其提高劳动效率的特点，在劳动力成本越来越高的今天，优势凸显。终将成为养殖场粪污处理的主流技术。

第二节　猪粪堆放与处理

一、猪粪堆放

为避免猪粪中有机物降解产物和病源微生物二次污染猪场环境，猪粪必须于养殖场下风方向指定区域堆放（存贮），并作无害化处理。可结合高温堆肥处理技术制作猪粪预处理场，其建造面积可根据千头规模猪场 10 天的猪粪累计储量约 12t 计算，根据养猪场的规模确定预处理场地的面积。场地地面混凝土浇注，并保持 5°~8°的倾斜度，以便排水。在场地低侧边缘砌小沟（宽 30 厘米、深 25 厘米），使预处理物料渗出液经小沟通往尿液储存池（图 5-1）。

二、猪粪堆肥化处理

猪粪堆肥处理是通过发酵，利用好氧和厌氧微生物，将猪粪内不易被作物直接利用的有机物分解转化为小分子物质（无机盐和矿物质），并在猪粪发酵过程中达到除臭、杀虫卵、灭病害的目的，发酵最终得到的物料充分腐熟，可作为农作物的有机肥料。猪粪堆肥处理一般在堆沤池中进行。猪粪主

图5-1　储存池

要成分包括：蛋白质、脂肪类、有机酸、纤维素、半纤维素
以及无机盐。比较而言，猪粪含氮素较多，碳氮比例较小，
易被微生物分解，释放出农作物易吸收利用的养分，是改良
土壤的优质有机肥（图5-2）。

图5-2　堆沤池

生猪粪便含水量高、黏性重、通气性差，不能直接发酵，

堆肥前，应进行适当的预处理后才能进行发酵。可采用机械脱水，将猪粪的含水率降低到 80% 以下，然后添加秸秆、木屑、麦糠、稻壳等辅料，起到调节水分、碳氮比和通气的作用。猪粪的含水量一般控制在 70% 左右，为猪粪的后续发酵做准备，可以减少猪粪厌氧发酵产生恶臭。没有物料脱水设备，可以将新鲜猪粪堆放到预处理场地上 5 ~ 7 天后备用。猪粪发酵的条件：含水量在 65% 左右；碳氮比在 25 ~ 30∶1 之间（可用辅料进行调节），猪粪 pH 值在 7.5 左右（可使用过磷酸钙调节）。

猪粪发酵是无害化处理的主要环节，通过高温（55 ~ 65℃）发酵，猪粪中病原菌、寄生虫卵等被杀灭，有机质腐殖质化，养分变成易被农作物吸收的形态。整个堆肥过程分为三个阶段：一是温度上升期，一般 3 ~ 5 天，好氧微生物大量繁殖，简单的有机物质分解，放出热量，使堆肥增温；二是高温持续期，温度 50℃ 以上，大量嗜热菌作用下，复杂的有机物（蛋白质、纤维素、半纤维素等）开始形成稳定的腐殖质，时间持续 1 ~ 2 周，病原菌、寄生虫卵被杀灭。三是温度下降期，随着有机物质被分解，放出热量减少，温度开始下降，嗜热菌减少，堆肥体积减小，形成厌氧环境，有机物转变成腐殖质。经过高温堆肥处理后的粪便呈棕黑色、松软、无臭味，是优质的作物有机肥料。

第三节　粪污沼气化处理

一、预处理单元

　　粪污、秸秆等物料进入消化器之前必须进行预处理，主要设备和构筑物：格栅、固液分离机（图 5-3）、沉淀池、调浆池（图 5-4）、加热系统等。主要是去除原料的杂物，调节料液的浓度。采用中温、高温发酵，需对料液进行升温处理。原料经过预处理使之满足发酵条件的要求，减少杂质进入消化器。从猪舍排出的粪便污水经过粪沟后进入集水池。集水池中的粪渣、残留饲料等悬浮物容易腐化，影响固液分离效果，因此，粪污在集水池停留时间不宜太长，必须及时进行固液分离。集水池中安装搅拌机，以免固态物质沉入池底，同时须安装潜污泵，将粪污泵入固液分离机。

　　猪场粪污固液分离一般采用带反冲洗挤压补助脱水的三角形水切楔形水力筛固液分离机，该机型采用双层滤网，上、下 2 层逆向高压喷水，喷嘴左右、上下摆动幅度大，洗网无死角；采用挤压补助脱水，固体可立即装袋，压滤液均回流集水池再处理。规模化猪场一般每天冲洗 2 次，粪污水量和水质不均匀。需要设置调节池来调节水量和水质，同时存放粪污，供没有污水排放时沼气池的进料。调节池的容积应达到每天粪污排放量的 1/2~2/3，一般深 2.5~3.0 米，池中一般要设沼气池厌氧进料泵（图 5-5，5-6）。

图 5-3 固液分离机

图 5-4 调浆池

图5-5　大型沼气池

图5-6　小型沼气罐

二、沼气发酵单元

规模化猪场粪污无害化一般采用沼气池发酵工艺进行处

理。沼气发酵是在无氧条件下，通过微生物将复杂有机物分解为简单化合物，最终生成沼气的工艺过程。实行干清粪工艺的猪场，应依据残留粪便比例来减少沼气池容积。

饲养规模不大的专业养猪场，粪污沼气处理一般采用地下水压式沼气池，单个沼气池的容积应不超过 200 立方米。对于容积超过 200 立方米的地下水压式沼气池，可采用 2 ~ 4 个沼气发酵单元（池）串联，并根据猪场及粪污处理规模来组合。在最后一级沼气池发酵单元设储气浮罩，使沼气压力恒定，方便沼气使用。饲养规模大的养猪专场，可采用容积大于 300 立方米的沼气池，若全场粪污全部进入沼气池，宜采用地上式沼气发酵罐，以便清理残渣和提高处理效率。

三、沼气储存净化与利用单元

发酵产生的沼气需要储存装置将其暂时储存起来备用。沼气储存通常可以采用湿式储气柜或者双膜干式储气柜。双膜储气柜有 2 层储气膜，沼气储存在内膜里，内膜与外膜之间是空气，外膜主要用于定型和保护内膜。双膜储气柜造价较低，且北方冬季不用防冻，但是，储存压力低，须动力加压输送，适合北方地区或者沼气用于发电的工程。当沼气进入湿式储气柜时，储气柜钟罩上升；使用沼气时，钟罩下降。湿式储气柜有焊接钢丝网混凝土结构。湿式储气柜压力比较稳定，在 1 千米以内使用沼气，不用加压输送，因此，不需动力，运行管理简单，但是，造价较高，且北方冬季须防冻，适合北方地区沼气集中供气时采用。

刚产出的沼气含饱和水蒸气，必须脱水，否则，温度降低后，水蒸气凝结成水，容易堵塞管道。脱水主要采用重力法。沼气主要成分是甲烷和二氧化碳。此外，还含有硫化氢（1 500～2 000毫克/立方米）和其他少量的气体。硫化氢不仅有毒，而且腐蚀性强，过量的硫化氢会腐蚀沼气发动机和沼气炉具，影响使用寿命。因此，新生成的沼气必须脱硫，大型沼气工程采用生物脱硫。

沼气可作为日常生活中洁净的燃料来源，燃烧沼气做饭须采用专门的沼气灶具。据测算，1 立方米沼气可以烧开约50 千克水。沼气可用于发电，每立方米沼气可通过发电机组（如图）发电 1.5～2.0 千瓦时。沼气可以用于烧锅炉，沼气锅炉一般是常压热水锅炉，产生的热水可以用于仔猪保温或者给沼气池升温。1 立方米沼气可以点盏亮度相当于 60～100 瓦电灯的沼气灯 8～10 小时（图 5－7）。

图 5－7 发电机组

四、沼渣沼液利用单元

沼渣、沼液分离可采用螺旋回转滚筒式固液分离机，其结构比较简单，运转中耗能不多，固形物去除率为20%～40%，固形物含水率为65%～75%。沼渣储存在干粪收集间（如图）沼液储存池的总有效容积，应根据储存期确定，一般不得小于30天排放沼渣液的总量（图5－8）。

图5－8　干粪收集间

沼液的还原性较强，故必须贮存一段时间后方可作为肥料施用。沼液贮存一段时间通过污水管网运送到利用池（图图5－9，5－10）中。刚排出就施用，会与作物争夺土壤中的氧气，影响种子发芽和系苗发育，有时还会使幼苗枯黄。西方发达国家，沼液每天都产生，而施肥却有季节性。

沼液灌溉农田，不仅可以充分沼液中多种微生物，作物生长的刺激因子、营养物以及水资源，同时大大减少后期的

图 5 – 9　利用池

图 5 – 10　污水管网

费用。沼液含有较多的可溶性养分，易被作物吸收利用，所以一般做农作物追肥。

五、沼液处理

沼液是粪便经过厌氧发酵后的残留液体，包括发酵过程中产生的有机、无机盐类，铵盐、钾盐、磷酸盐类可溶性物质。沼液中含有大量的氮、磷、钾等营养元素，和铜、铁、锰、锌等微量元素等。沼液未经处理直接排放自然环境中去，既是资源浪费，又对环境产生危害。

目前，沼液的处理技术主要分两类：一是好氧生物处理法；二是自然处理法。好氧生物处理法包括活性污泥法、生物膜法等。好氧处理法具有处理能力强、适应性广的优点。但其工艺构筑物复杂、机械设备多、维护工作量大、投资大、能耗高、运行维护费用高。小规模的养殖场难承受。

自然处理法包括：生物塘法和人工湿地处理。生物塘法具有运行费用低、操作简便、高效除污的特点，能有效去除有机污染物、病菌和病毒，同时通过种植水生植物、水禽养殖和水产养殖等实现污水无害化处理。湿地处理法具有建造运行成本低、出水水质好、操作简便等优点，水生植物还可以美化环境，是适合处理畜禽养殖场废水处理特点的污水处理新技术。尤其适用于解决我国生态型生猪养殖场污水处理的问题，前景广阔。

第四节　生物发酵床养猪技术

生物发酵床养猪技术是在猪舍里填入利用自然环境的生物资源，进行培养、扩繁的土著微生物原种，按一定比例与锯屑、秸秆、稻壳等农副产品和一定量的泥土、天然盐等混匀的垫料制成发酵床（图5-11）。猪从断乳至出栏都生活在发酵床上。利用猪的拱翻习性，使猪粪、尿和垫料充分混合，被土著微生物迅速降解、消化，不再需要人工清理。微生物以尚未消化的猪粪为营养，繁殖滋生，向猪提供了优质的菌体蛋白质，整个生产过程无臭、无味、无害化，是一种无污染、无臭气、零排放的新型环保养猪技术，彻底解决了规模养猪场环境污染问题。

一、猪舍地上部分的设计与建造

发酵床养猪猪舍宜采用半钟楼型屋顶设计，在猪舍的顶端纵轴南向设计一排立式通风窗。阳光的照射以及发酵床的温度，猪舍内部空气受热膨胀，从顶部立式通风窗流出，底部南北两侧低开的通风口吹进凉爽的风上移，利于舍内形成良好的空气对流，使猪舍内空气得以交换。良好的通风使得发酵床内的水分蒸发，圈底疏松柔软。发酵床面的上升气流带走了猪床表面的水分，使得与猪体接触的床面湿度降低，给猪创造了适宜的生活环境。冬季，舍外低温，不能开窗通风，屋顶通风立窗的设计，可对发酵床湿度和菌种活性的进行有效调控，有效降低舍内湿度以及排除污浊气体（图5-11）。

为创造微生物生长的适宜环境和利于舍内气体充分交换的空间。猪舍的跨度一般不低于8米，通常设计成9~12米。猪舍的举架高度以发酵池面计不低于2.5米。猪舍长度因地

图 5 – 11　生物发酵床养猪

制宜。猪舍南侧墙上的窗户尽量设计成大窗户，以便通风和采光。窗户下檐高于发酵池面20厘米左右，以发挥良好的通风作用。上檐尽量高举，以增大透光角度，利于采光。南侧墙如果设计成塑料大棚式，通风、采光效果更佳，但应注意夏季的遮光和冬季的保温。

猪舍设计成单列式猪床，每间猪栏东西宽度在3.5~4米之间，面积约为30平方米，每栏猪群数量不超过25头为宜。猪栏高度在50~80厘米。位于发酵池中间的南北向隔栏应深入床下一定深度，防止猪拱洞钻过混圈。将食槽和水槽分设于猪栏的两端，采食与饮水分开，让猪在采食和饮水过程中不断往返于食槽与饮水器之间，加强猪的运动，既锻炼了猪的体质健康，又使得猪在不断运动过程中，将粪尿踩踏入发酵床内，利于发酵。

猪栏北侧沿着栏杆下面建成东西走向的食槽或设自动料槽供猪只采食。南侧猪栏两栏接合部安装自动饮水器，每栏设2个，距床面30～40厘米，下设集水槽，将水向外引出，流入东西走向的水沟内，以防止猪饮水时漏下的水弄湿床面，流进发酵池；水沟有一定的斜度，由东西两侧流向猪舍中间，通过排水管，使水排向舍外的渗水井。方便排水沟的设计，还可避免夏季雨水由窗户直接流入发酵床。

二、发酵床的设计与建造

发酵床可分为地上式、地下式和半地下式3种。地上式发酵床的垫料层位于地平面以上，适用于我国南方地下水位较高的地区。优点是猪栏高出地面，雨水不容易溅到垫料上，地面水不易流到垫料内，通风效果好。缺点是由于床面高于地面，过道有一定的坡度，运送饲料不方便，在北方地区冬季寒冷条件下对发酵床的保温有一定的影响。地下式发酵床的垫料层位于地平面以下，床面与地面持平，适用于我国北方地下水位较低的地区。优点是猪舍高度较低，造价相对低，各猪舍的间距相对较小，猪场土地利用率较高。由于床面于地面持平，猪转群以及运送饲料方便。由于发酵池位于地下，有利于发酵床的冬季保暖。缺点是土方量较大。半地下式发酵床适用于地下水位线适中的大部分地区，此法可将地下部分取出的土作为猪舍走廊、过道、平台等需要填满垫起的地上部分用土，因而减少了运土的劳动，降低了制造成本。由于发酵床面的提高，使得通风窗的底部也随之提高，避免了夏季雨水溅入发酵床的可能，降低了进入猪舍过道的坡度，便于运送饲料。

发酵池的深度与猪的粪便发酵分解量有关，根据猪饲养阶段的不同而异。一般来说，保育猪发酵池的深度70~85厘米；中大猪发酵池的深度约80~90厘米。发酵池内四周用砖砌起，砖墙上用水泥抹面，发酵池底部为自然土地面。发酵床的垫料可以采用当地来源广泛的农副产品，例如，玉米秸秆、麦秸等，将90%的有机垫料、10%的土、0.3%的天然盐、每平方米2千克的微生物原种等按比例分层加入发酵床内，调整水分至50%~65%，并且每层喷洒活性营养液。以10平方米发酵床计算，需要有机垫料1 500千克、生土150千克、天然盐4.8千克、土著微生物原种20千克、活性营养液（乳酸菌、鲜鱼氨基酸等）原液各0.8千克。发酵床填满后即可放入猪饲养，经2~3个月后，床面成为自然腐熟状态，中部层形成白色的菌体，其温度可达40~50℃。

三、饲养管理措施

●（一）经常检查猪舍垫料湿度●

常年保证空气流通，促进水分的蒸发，中心发酵层含水量一般控制在65%左右，湿度过大时，可打开通风口，利用空气流动调节湿度。检查垫料水分时，可用手抓起垫料攥紧，指缝间有水但未流出，可以判断为60%~65%。发酵床面不能过于干燥，应根据床面干燥程度，定期向发酵床喷洒营养活性剂溶液，以提高土著微生物菌群的活性。

●（二）及时补充垫料，严防饮水漏入●

发酵床使用一段时间后，床面会自行下沉，应保持床面

NA 探针、RNA 探针和人工合成的寡核苷酸探针等几类。按标记物可分为放射性标记探针和非放射性标记探针两大类。作为诊断试剂，较常使用的是基因组 DNA 探针和 cDNA 探针。放射性标记探针用放射性同位素作为标记物，以 32P 应用最普遍。非放射性标记物是生物素和地高辛。探针的制备和标记还可通过 PCR 反应直接完成。

核酸杂交有固相杂交和液相杂交之分。固相杂交技术目前较为常用，先将待测核酸结合到一定的固相支持物上，再与液相中的标记探针进行杂交。

固相杂交包括膜上印迹杂交和原位杂交。用探针对细胞或组织切片中的核酸杂交并进行检测的方法称之为核酸原位杂交。可用特异性的细菌、病毒的核酸作为探针对组织、细胞进行原位杂交，以确定有无该病原体的感染等。原位杂交不需从组织中提取核酸，对于组织中含量极低的靶序列有极高的敏感性，在临床应用上有独特的意义。

各种杂交技术中，膜上印迹杂交技术应用最为广泛，核酸印迹技术有：斑点印迹（Dot-blot），将待测核酸样品变性后直接点样在膜上；Southern 印迹（Southern blot），将 DNA 片段经琼脂糖凝胶电泳分离后转移到固相支持物上；Northern 印迹（Northern blot），将 RNA 片段变性及电泳分离后，转移到固相支持物上。Northern 印迹的方法与 Southern 印迹基本相同，但待检的是 RNA。

核酸探针技术是目前分子生物学中应用最广泛的技术之一，是定性或定量检测特异 RNA 或 DNA 序列的有力工具。核酸探针可用以检测任何特定病原微生物，并能鉴别密切相关的毒（菌）株和寄生虫。目前，各种常见病毒病的诊断和研究都已应用到核酸探针技术，这方面的研究报道数以万计且与日俱增。但该项技术的操作毕竟比常规方法复杂，费用较高，多在实验室内对病原作深入研究时使用。

三、基因芯片技术

基因芯片技术是在核酸杂交、测序的基础上发展起来的，与 Southern 杂交、Northern 杂交原理相同，即 DNA 碱基配对和序列互补原理。DNA 芯片又称为微排列，属于生物芯片的一种。根据微排列上探针的不同，DNA 芯片分为寡核苷酸芯片和 cDNA 芯片。该项技术应用成熟的照相平板印刷术和固相合成，在固相支持物的精确部位合成成千上万个高分辨率的不同化合物制成的探针。片上单个探针密度为 107～108 分子/片。通过荧光标记杂交检测共聚焦荧光显微镜进行激光扫描、计算机处理软件进行数据荧光图像分析，做出快速诊断。

用 DNA 芯片进行的表达水平检测可自动、快速地检测出成千上万个基因的表达情况。DNA 芯片诊断技术以其快速、高效、敏感、经济、平行化、自动化等特点，将成为一项现代化诊断新技术。DNA 芯片技术能够大规模地筛选、通用性强，能够从基因水平解释药物的作用机理，即可以利用 DNA 芯片分析用药前后机体的不同组织、器官基因表达的差异。DNA 芯片药物筛选技术工作目前刚刚起步，世界上很多制药公司已开始前期工作，即正在建立表达谱数据库，从而为药物筛选提供各种靶基因及分析手段。这一技术具有很大的潜在应用价值。DNA 芯片对实现个体化医疗，对症下药，指导治疗和预后有很大的意义。DNA 芯片利用固定探针与样品进行分子杂交产生的杂交图谱而排列出待测样品的序列，这种测定方法快速而具有十分诱人的前景。DNA 芯片技术可以允许研究人员同时测定成千上万个基因的作用方式，几周内获得的信息用其他方法需要几年才能得到。

第二节　疫病诊断技术

猪场疫病诊断常用的方法有临诊诊断、流行病学诊断、病理学诊断、病原学诊断、免疫学诊断和分子生物学诊断等。目前猪场常用免疫试纸快速检测技术来做快速、简便的诊断。

一、临诊诊断

临诊诊断是最基本的诊断方法。它是利用人的感官或借助一些最简单的器械如体温计、听诊器等，采用视、触、叩、听等简便易行的方法直接对病猪进行检查，有时也包括血、粪、尿的常规检验。依据病的特征性症状，可对不少疾病作出诊断。临诊诊断只能提出可疑疫病的大致范围，必须结合其他诊断方法才能作出确诊。在进行临诊诊断时，应注意对整个发病动物群所表现的综合症状加以分析判断，不要单凭个别或少数病例的症状轻易下结论，以防止误诊。

二、流行病学诊断

流行病学诊断是与临诊诊断经常联系在一起的一种诊断

方法。一些症状上虽相似的传染病，但流行病学上有不同点，诊断上有时很有用。如发病的年龄、季节、动物状态。流行病学诊断是在流行病学调查的基础上进行的。流行病学调查不仅可给流行病学诊断提供依据，而且也能为拟定防制措施提供依据。

三、病理学诊断

患传染病而死亡的病猪尸体，多有一定特征性的病理变化，可作为诊断的重要依据，常有很大的诊断价值。有些病例，特别是最急性死亡的病例，有时特征性的病变尚未出现，因此进行病理剖检诊断时尽可能多检查几头，并选择症状较典型的病例进行剖检。有些疫病除肉眼检查外，还需进行组织病理学观察。有些病，还需检查特定的组织器官。

进行病理剖检时，应首先观察尸体外表，注意观察其营养状况、被毛、可视黏膜及天然孔等情况，然后再按剖检程序，进行系统的观察，包括皮下、胸腔和腹腔的各器官，各部淋巴结，脑、脊髓等病理变化，做好记录，找出主要的、特征性的病理变化，最后做出初步诊断。对一些需要作病理组织学检查的组织，可采取组织材料作显微切片，取材的刀剪要锋利，用镊子镊住一块组织器官的一角，用锋利的剪刀剪下一小块，浸入固定液中固定，最常用的组织固定液是10%的福尔马林，然后按需要作切片染色和镜检。

四、病原学诊断

运用微生物学的方法进行病原学检查是确诊猪传染病的重要依据。其结果还需与临诊症状、流行病学特点及病理变化结合起来进行分析。病原学诊断常用的方法和步骤有以下几种。

● （一）病料的采集、保存●

正确采集病料是微生物学诊断的重要环节。病料应力求新鲜，最好能在濒死时或死后数小时内采取，一般冬季不过24小时，夏季不过 5~6 小时；所有用具器皿应严格消毒，防止杂菌污染。通常可根据所怀疑病的类型和特性来决定采取哪些器官或组织的病料。原则上要求采取病原微生物含量多、病变明显的部位，同时易于采取，易于保存和运送。例如发生呼吸道传染病时采取鼻腔、气管拭液；中枢神经系统传染病采取血液和脑脊液；消化系统传染病采取粪便及咽喉头拭液；皮肤传染病采取水疱液、脓庖液及痂皮；泌尿生殖道传染病采取尿液、子宫渗出液等。如果缺乏临诊资料，剖检时又难于分析诊断可能属何种病时，应比较全面地取材，例如血液、肝、脾、肺、肾、脑和淋巴结等，同时要注意带有病变的部分。此外，应注意病料采集时期，如引起病毒血症的传染病，应采集其发热期的血液。

用于病原体检查的材料应越新鲜越好，并尽快进行检查。不能及时检查的，应采取适当的保存措施。细菌学检查材料一般保存在4℃，有时也冻结保存或保存在30%的甘油磷酸盐缓冲液中；病毒学检查材料应保存在 – 70℃ 的超低温冰箱中或 50% 的甘油磷酸盐缓冲液中。

● （二）病原体的检验 ●

不同的传染病，其病原体的检查方法各不相同。一般细菌性疾病的病原学和血清学检查程序如图 6 – 1 所示；病毒性疾病的病原学和血清学检查程序如图 6 – 2 所示。

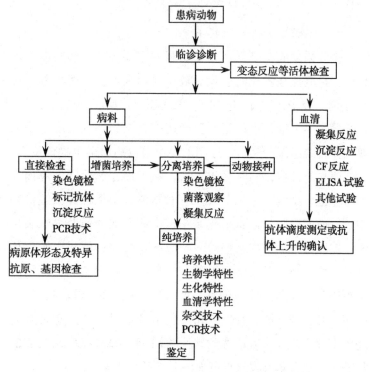

图 6 – 1　细菌性疾病的病原学和血清学检查程序

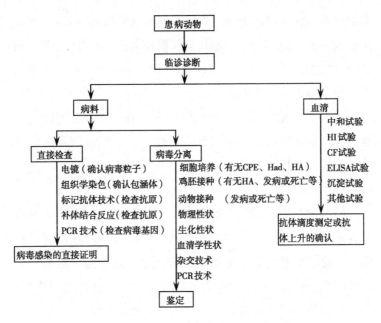

图6-2 病毒性疾病的病原学和血清学检查程序

五、免疫学诊断

免疫学诊断是猪病传染病诊断和检疫中常用的重要方法，包括血清学试验和变态反应两类。

●（一）血清学试验●

根据抗原与抗体的特异性反应的原理可以用已知的抗原检测未知的抗体，也可用已知的抗体检测未知的抗原。因抗体主要存在于血清中，故称为血清学试验。

血清学试验有中和试验（毒素抗毒素中和试验、病毒中和试验等）；凝集试验（直接凝集试验、间接凝集试验、间接血凝试验、SPA 协同凝集试验和血细胞凝集抑制试验）；沉淀试验（环状沉淀试验、琼脂扩散试验和免疫电泳等）；溶细胞试验（溶菌试验、溶血试验）；补体结合试验以及免疫荧光试验、免疫酶技术、放射免疫测定、单克隆抗体和核酸探针等。近年来由于与现代科学技术相结合，血清学试验在方法上日新月异，发展很快，其应用也越来越广，已成为传染病快速诊断的重要工具。

1. 凝集试验

（1）直接凝集试验。颗粒性抗原的悬液与含有相应的特异性抗体的血清混合，在一定条件下，抗原与抗体结合，凝集在一起，形成肉眼可见的凝集物，这种现象称为凝集，或直接凝集。凝集试验中的抗原称为凝集原，抗体称为凝集素。凝集反应是早期建立起来的四个古典的血清学方法（凝集反应、沉淀反应、补体结合反应和中和反应）之一，在微生物学和传染病诊断中有广泛的应用。按操作方法可分为试管凝集试验和玻板凝集试验等。

凝集反应用于测定血清中抗体含量时，将血清连续稀释（一般用倍比稀释）后，加定量的抗原；测抗原含量时，将抗原连续稀释后加定量的抗体。抗原抗体反应时，出现明显反应终点的抗血清或抗原制剂的最高稀释度称为效价或滴度。

①试管凝集试验：试管凝集试验是一种定量试验。用已知抗原测定受检血清中有无某种抗体及其滴度，以辅助诊断或作流行病学调查。如布鲁氏菌病的试管凝集试验。

②玻板凝集试验：玻板凝集试验是一种定性试验。将含有已知抗体的诊断血清（适当稀释）与待检菌悬液各一滴在

玻板上混合，数分钟后，如出现颗粒状或絮状凝集，即为阳性。如沙门氏菌等细菌鉴定。也可用已知的诊断抗原检测待检血清中是否存在相应抗体。如布鲁氏菌病玻板凝集试验等。

（2）间接凝集试验。将可溶性抗原（或称胶体性抗原）吸附在与免疫无关的颗粒表面，再与相应的抗体结合，在电解质的作用下，发生肉眼可见的凝集现象，称为间接凝集试验，或称被动凝集反应。吸附抗原所用的颗粒叫载体。最常用的是红细胞。吸附抗原的红细胞称为致敏红细胞。

如先将抗原与抗体结合，在加入致敏红细胞，则不发生红细胞凝集反应，称为间接血凝抑制试验。如将抗体吸附在红细胞上，再与抗原进行凝集试验，称为反向间接血凝试验。间接血凝试验敏感性很高，能检出少量抗体，其灵敏度较一般细菌凝集试验提高 2 ~ 8 倍。

（3）血凝（HA）与血凝抑制（HI）试验。某此病毒或病毒的血凝素，能选择性地使某种或某几种动物的红细胞发生凝集，这种凝集红细胞的现象称为血凝，也称直接血凝反应。当病毒的悬液中先加入特异性抗体，且这种抗体的量足以抑制病毒颗粒或其血凝素，则红细胞表面的受体就不能与病毒颗粒或其血凝素直接接触。这时红细胞的凝集现象就被抑制，称为红细胞凝集抑制反应，也称血凝抑制反应。HA 与 HI 可用于许多传染病的诊断和抗体滴度检测，如新城疫、流感、兔瘟等。

（4）协同凝集试验（COAG）。某些葡萄球菌含有一种 A 蛋白（SPA），能与人和多种哺乳动物的 IgG 结合，利用此种葡萄球菌作载体，吸附抗体，与相应抗原混合时即发生凝集反应，称为协同凝集试验。此法已广泛应用于多种细菌性疾病的快速诊断。一些病毒如腺病毒、副黏病毒等亦可使用本法进行快速诊断和鉴定。

2. 沉淀试验

可溶性抗原，如细菌的外毒素、内毒素、菌体裂解液、病毒的可溶性抗原、血清、组织浸出液等，与相应抗体混合，在电解质的参与下，经过一定时间，形成肉眼可见的白色絮状沉淀，称为沉淀试验。参与反应的抗原称为沉淀原；相应的抗体称为沉淀素。

（1）环状沉淀试验。在直径 3~4 毫米的小试管内进行，将抗血清加于管底，再将抗原叠加其上，一定时间后观察结果，如两层液面交界处出现白色环状沉淀，即为阳性。主要用于抗原的定性。如 Ascoli 氏反应、链球菌血清型鉴定等。

（2）免疫扩散。免疫扩散可分为单扩散和双扩散两类。单扩散是指在一对抗原抗体中仅有一种成分扩散，而另一种成分不扩散所进行的试验；双扩散是指在一对抗原抗体中两者均彼此扩散所进行的试验。根据扩散物质向一个方向直线扩散者称为单向扩散；扩散物质同时向两个互相垂直的方向扩散，或向四周辐射扩散者称为双向扩散。据此，琼脂扩散试验可分为以下四种类型：即单向单扩散试验，单向双扩散试验，双向单扩散试验，双向双扩散试验。琼脂凝胶免疫扩散试验是让可溶性抗原抗体在琼脂凝胶内扩散，如两者相对应具有足够含量，会在比例适当的位置发生反应而形成沉淀（线），应用中有"单向扩散""双向扩散"等形式。传染病诊断中最为常用的是双向双扩散试验，一般所称的琼脂扩散试验多指双向双扩散试验。

3. 补体结合试验（CFT）

补体是一组正常血清蛋白成分，可被免疫复合物激活产生具有裂解细胞壁的因子。如果该过程发生在红细胞表面上则导致红细胞裂解而出现溶血。利用这种反应来检测血清中的抗体或（抗原），称作补体结合试验。补体结合试验分直接法、间接法和固相法三种。

CFT包括两个系统，第一为反应系统，又称溶菌系统，即已知抗原（或抗体），被检血清（或抗原）和补体。第二系统为指示系统（亦称溶血系统），即溶血素＋绵羊红细胞，溶血素即抗绵羊红细胞抗体。补体常用豚鼠血清，它对红细胞具有较强的裂解能力。补体只能与抗原－抗体复合物结合并被激活产生溶血作用。因此，如果试验系中的抗原和抗体是对应的，形成了免疫复合物，定量的补体就被结合，这时加入指示系统，由于缺乏游离补体，就不产生溶血，即为阳性反应。反之试验系中缺乏抗原或特异性抗体，不能形成免疫复合物，补体就游离于反应液中，被指示系统，即溶血素＋绵羊红细胞免疫复合物激活，而发生溶血，即阴性反应。CFT准确性高，容易判定，对抗原纯化要求不严格，因而普遍用于传染病的诊断。该试验的不足之处是操作烦琐，尤其是对所用试剂的准备和量化要求较严。

4. 病毒中和试验（NT）

动物受到病毒感染后，体内产生特异性中和抗体，并与相应的病毒粒子呈现特异性结合，因而阻止病毒对敏感细胞的吸附，或抑制其侵入，使病毒失去感染能力。NT是以测定病毒的感染力为基础，以比较病毒受免疫血清中和后的残存感染力为依据，来判定免疫血清中和病毒的能力。

NT常用的有两种方法：一种是固定病毒量与等量系列倍比稀释的血清混合，另一种是固定血清用量与等量系列对数稀释（即十倍递次稀释）的病毒混合；然后把血清－病毒混合物置适当的条件下感作一定时间后，接种于敏感细胞、鸡胚或动物，测定血清阻止病毒感染宿主的能力及其效价。如果接种血清病毒混合物的宿主与对照（指仅接种病毒的宿主）一样地出现病变或死亡，说明血清中没有相应的中和抗体。NT不仅能定性而且能定量，因此NT可应用于病毒株的种型鉴定、测定血清抗体效价、分析病毒的抗原性等。

毒素、抗毒素亦可进行NT，其方法与病毒中和试验基本相同。组织细胞NT有常量法和微量法两种，因微量法简便，结果易于判定，适于作大批量试验，所以，近来得到了广泛的应用。

5. 标记抗体技术

具有示踪效应的化学物质与抗体结合后，仍保持其示踪活性和与相应抗原特异结合能力，此种结合物称为标记抗体。可借以示踪和检测抗原的存在及其含量，多用于鉴定抗原和诊断疾病。常用的标记物有荧光素、酶和放射性同位素。

（1）免疫荧光技术（IFT）。免疫荧光技术又称荧光抗体技术（FAT）。它是在免疫学、生物化学和显微镜技术的基础上建立起来的一项技术。免疫荧光技术包括荧光抗体技术和荧光抗原技术，因为荧光色素不但能与抗体球蛋白结合，用于检测或定位各种抗原，也可以与其他蛋白质结合，用于检测或定位抗体，但是，在实际工作中荧光抗原技术很少应用，所以，人们习惯称为荧光抗体技术，或称为免疫荧光技术。IFT 特异性强、敏感性高、速度快。

IFT 主要有直接染色法、间接染色法和抗补体染色法 3 种方法，此外，还有在此基础上演变出的一些方法，如双层法、夹心法、混合法、三层法、抗体-抗补体法等。

（2）免疫酶技术。免疫酶技术是继免疫荧光技术和放射免疫测定技术之后发展起来的又一种免疫标记技术。它是根据抗原与抗体特异性结合，以酶作标记物，酶对底物具有高效催化作用的原理而建立的。酶与抗体或抗原结合，既不改变抗体或抗原的免疫反应的特异性能，也不影响酶本身的酶学活性。酶标抗体或抗原与相应的抗原或抗体相结合后，形成酶标抗体 – 抗原复合物。复合物中的酶在遇到相应的底物时，催化底物分解，使供氢体氧化而成有色物质。有色物质的出现，客观地反映了酶的存在。根据有色产物的有无及其浓度，即可间接推测被检抗原或抗体是否存在以及其数量，从而达到定性或定量的目的。

免疫酶技术在方法上分为两类，一类用于组织细胞中的抗原或抗体成分检测出和定位，称为免疫酶组织化学法或免疫酶染色法；另一类用于检测液体中可溶性抗原或抗体成分，称为免疫酶测定法。

①免疫酶染色法：其基本原理和方法与荧光抗体法相同，只是以酶代替荧光素作为标记物，并以底物产生有色产物为标志。标本制备后，先将内源酶抑制，然后便可进行免疫酶染色检查。免疫过氧化物酶试验是免疫酶染色法中最常用的

一种。常规免疫酶染色法可分为直接和间接两种方法。

②免疫酶测定法：微生物学上常应用的免疫酶测定法为固相免疫酶测定法。固相免疫酶测定方法是需要用固相载体，以化学的或物理的方法将抗原或抗体连接其上，制成免疫吸附剂，随后进行免疫酶测定。酶联免疫吸附试验（ELISA）是固相免疫酶测定法中应用最广泛的一种。

酶联免疫吸附试验（enzyme linked immunosorbent assay, ELISA）是酶免疫测定技术中应用最广的技术。其基本方法是将已知的抗原或抗体吸附在固相载体（聚苯乙烯微量反应板）表面，使酶标记的抗原抗体反应在固相表面进行，用洗涤法将液相中的游离成分洗除。用结合物的酶系统进行检测。常用的 ELISA 法有双抗体夹心法、间接法，前者用于检测大分子抗原，后者用于测定特异抗体。另外还有双夹心 ELISA、竞争 ELISA、阻断 ELISA、抗原捕捉法等方法。

随着方法的不断改进、材料的不断更新，尤其是采用基因工程方法制备包被抗原，采用针对某一抗原表位的单克隆抗体进行阻断 ELISA 试验，都大大提高了 ELISA 的特异性，加之电脑化程度极高的 ELISA 检测仪的使用，使 ELISA 更为快速、敏感、简便、实用和标准化，从而使其成为最广泛应用的检测方法之一。目前，ELISA 方法已被广泛应用于多种细菌和病毒等疾病的诊断。

（3）免疫放射分析（IMRA）。免疫放射分析是 Miles 等（1968）首先提出的一种用放射性同位素标记抗体的新的分析技术，具有高度敏感性、精确性和特异性。本法与常规的放射免疫测定（RIA）不同，IMRA 为标记抗体，目前多使用同位素碘^{125}I作标记。

在建立免疫放射分析系统时，首先要制备免疫吸附剂和放射性同位素标记抗体（碘化抗体）。免疫吸附剂采用CNBr活化的纤维素和琼脂糖凝胶制备，特异性抗体的碘化，一般采用氯胺T法。抗体IgG比较稳定，碘化后保存期较长。

● （二）迟发型变态反应 ●

猪患某些慢性传染病时，可对该病病原体或其产物的再次进入产生强烈反应，引起迟发型变态反应或细胞介导型。能引起变态反应的物质称为变态原或过敏原。引起IV型变态反应的变应原可为微生物、寄生虫和异体组织等，也可以是半抗原。如将结核菌素注入病猪时，可引起局部或全身反应。

迟发型变态反应是机体的一种超常性细胞免疫反应，说明机体中T细胞功能活跃，对于某些胞内寄生菌（如结核杆菌、副结核杆菌、布氏杆菌等）和病毒等外来抗原具有细胞免疫力。由于反应过于强烈，造成组织的严重损伤，于机体不利。迟发型变态反应具有明显的利用之处。传染性变态反应，常常用来作为某些慢性传染病的诊断依据。如结核、布鲁氏菌病。

六、免疫试纸快速检测技术

免疫胶体金标记技术作为一种日臻完善的检测技术，已被广泛地应用于众多的领域中。免疫试纸快速检测技术是在单克隆抗体技术、胶体金标记技术和免疫层析技术基础之上发展起来的一种新型的体外检测技术，是理想的即时检测和现场检测技术。该检测技术不需要专业技能和仪器，从 20 世纪 80 年代末建立以来发展迅速，广泛应用于各种分析物的定性和半定量快速检测，包括抗原、半抗原、抗体和核酸等，已成为当今最快速敏感的免疫学检测技术之一。免疫试纸快速检测技术，引入动物疫病快速诊断领域，建立了抗原、抗体和半抗原 3 类靶标物的免疫试纸快速检测技术体系，检测时间仅需要数分钟，无须任何附加试剂和设备，操作简单，解决了传统检测方法费时（数小时至数天）、成本高（需贵重仪器或试剂）、操作复杂等问题，具有快速、简便、特异、灵敏、安全、低成本等优点，使其在诊断领域中迅速推广。

免疫层析胶体金试纸条是结合金探针与对应抗原（抗体）的反应特性和层析技术而制成的。

以膜为固相载体的胶体金快速诊断技术的基本原理是：以微孔滤膜为固相载体，包被已知抗原或抗体，加入待测样本后，经微孔膜的渗滤作用或毛细管虹吸作用使标本中的抗体或抗原与膜上包被的抗原或抗体结合，再通过胶体金标记物与之反应形成红色的可见结果，目前常见的有两种形式：斑点金免疫渗滤试验（DIGFA）和斑点金免疫层析试验（DIGCA）。

胶体金是由氯金酸（$HAuCl_4$）在还原剂如白磷、抗坏血酸、柠檬酸钠等作用下，聚合成为特定大小的金颗粒，并由于静电作用成为一种稳定的胶体状态，称为胶体金。

胶体金在碱性条件下带负电荷，负电荷与蛋白质分子的正电荷基团藉静电吸引而形成牢固结合。胶体金标记技术是以胶体金作为示踪标记物应用于抗原抗体反应的一种新型免疫标记技术，用于抗原抗体反应的一种新型免疫标记技术。

胶体金免疫技术可大致分为液相胶体金标记技术和固相胶体金标记技术，目前应用较多的是以膜为固相载体的固相胶体金标记技术。

免疫层析试纸条通常由加样区、反应区和吸附区三部分组成。加样区含有金探针颗粒，通常由玻璃纤维素膜将免疫金颗粒吸附在该区；反应区则喷涂或点加两条反应线，一条为检测线（T 线），一条为质控线（C 线）。检测线用以检测此处的抗体（或抗原）物质与金探针的反应性；质控线则用以检测金探针的活性。反应区的主要材料是硝酸纤维素膜；吸附区由较厚的滤纸或类似的吸水材料制成，将由加样区经反应区层析上来的剩余免疫胶体金颗粒等吸附于其中，该区提供层析的动力。免疫胶体金颗粒由加样区释放后，经反应区，部分继续到吸附区，完成层析。

将已知的特异性抗原或抗体固定于硝酸纤维素膜上某一区带作为检测带，在样品区滴加样品后，借助毛细作用，样品泳动至玻璃纤维膜，金标复合物溶解，并与样品进行抗原抗体反应，形成复合物，继续泳动至硝酸纤维素膜的检测区，带有金标记的复合物被检测区抗原或抗体捕获，条带显色。如样品中没有待测抗原或抗体，则不发生结合，即不显色。在硝酸纤维素膜检测区附近一般再固定上针对金标结合物相应的抗原或抗体作为质控带，无论样品中有无待测物，质控线都应显示，如无，则检测失败。整个过程一般在 15 分钟内完成，操作简单、快速，且不需任何仪器。

第三节 疫病监测技术

　　猪场需要对疫病的发生、流行、分布及相关因素进行系统的长时间的观察与检测，以把握该疫病的发生发展趋势，做好疫病防治工作。

■ 一、流行病学调查

　　对疫病或其他群发性疾病的发生、频率、分布、发展过程、原因及自然和社会条件等相关影响因素进行的系统调查，以查明疫病发展趋向和规律，评估防治效果。

　　调查基本情况，包括地理地貌特征、气候特点、人口、饲养量、猪品种结构及近 20 年的演变情况。

　　调查野生动物、传播媒介及其种类分布。

　　引进动物及其产品地区的动物疫情态势。

　　近 10 年动物疫情发生和流行情况。

　　近期各种动物疫病发生的临床病例。

　　动物群体病原体携带状况，以及病原体的型别、毒力等。

　　周围环境动物疫情发生和流行情况。

　　群体免疫水平的状态。

　　近 10 年动物及其产品市场流通的情况。

　　动物疫病的流行规律。

　　动物疫病的防治措施及其效果。

二、监测病种

口蹄疫、布鲁氏菌病、结核病、炭疽、附红细胞体、猪瘟、猪伪狂犬病、猪繁殖与呼吸综合征、猪囊尾蚴病等疾病。监测时公母数量各半。

三、实验室监测

通过物理、化学、生物学试验，对取自病例的样品进行检查，获取具有诊断价值的数据。

猪场主要疫病监测技术方法：

口蹄疫：血清学监测方法病抗原（VIA）琼脂凝胶免疫扩散试验（AGID），对检出的阳性再用夹心 ELISA 或 ELISA 检验；病原学监测方法微量补体结合试验、食道探杯查毒试验、TR—PCR、病毒中和试验。

布鲁氏菌病：血清学监测方法血清试管凝集试验；病原学监测方法细菌分离鉴定。

结核病：血清学监测方法结核分枝杆菌 PPD 皮内变态反应试验；病原学监测方法细菌分离鉴定。

伪狂犬病：血清学监测方法 ELISA、中和试验；病原学监测方法病毒分离鉴定。

炭疽：血清学监测方法 ELISA；病原学监测方法炭疽杆菌分离培养鉴定、炭疽沉淀试验。

猪囊尾蚴病：血清学监测方法 ELISA；病原学监测方法病原分离与鉴定。

猪瘟：血清学监测方法 ELISA；病原学监测方法聚合酶链反应（PCR）。

猪繁殖和呼吸综合征：血清学监测方法免疫过氧化物酶单层试验、TD-ELISA；病原学监测方法病毒分离与鉴定。

四、监测注意事项

送检病料进实验室后，按采样编号、地区、户主、畜种、年龄、性别、采样时间、收样时间、收样人进行登记。

送检病料进实验室后进行严格检查，检查病料是否发生混浊、融血、腐败等的现象，并采取相应的措施。

送检病料经检查登记后按各种病料的要求的规定进行保存。

被检病料必须在规定的时间内进行检测。

检查检测试剂，若发现过期、变异等情况，更换检测试剂。

检测工作必须进行预试验，在预试验成立的基础上再进行监测工作。

检测工作必须有专人负责，专人操作，专人检验。

有些试剂难以区分自然病原与免疫抗体时，选样应避开免疫期。

五、无害化处理

监测后的病料、废物做无害化处理。用物理、化学或生物学等方法处理带有或疑似带有病原体的动物尸体、动物产品或其他物品，达到消灭传染源，切断传染途径，破坏毒素，保障人畜健康安全。

六、资料分析

各种原始资料进行汇总整理，并进行生物统计学处理。

疫情监测资料经统计处理后，出现与监测目的正相关的监测结果时，应结合猪场历年疫情发生和流行的状况、外界动物疫情的影响、环境影响、防疫情况等风险因子分析，探讨激发疫病的因素，疫情流行的规律，以及消除风险因子的措施，对重大疫情发生的可能性做出预测分析。

对监测结果、预见性发病因素等，结合监测地区的实际情况，其他地区监测的资料，提出可行的防疫（免疫、检疫、监测、扑杀、消毒、无害化处理）意见。

第四节　疫病净化技术

一、猪伪狂犬病根除技术

伪狂犬病是当今危害全球养猪业最严重的猪病，给养猪业造成了巨大的经济损失。西方发达国家大多在 20 世纪 90 年代相继制订和启动了该病的根除计划，并取得了很好的成效。该病在我国广泛存在并严重发病，损失巨大。鉴于基因缺失疫苗和鉴别诊断方法技术与产品均已成熟和针对我国猪伪狂犬病近年来的实际情况，特提出我国猪伪狂犬病的根除计划，并希望首先能在规模化养猪场试行和实施。

根据不同的猪场、不同情况和实验室检测情况，选择不同的方案与措施。

伪狂犬病毒是属于高度潜伏感染的病毒，而且这种潜伏感染随时都有可能被体内外和环境变化的应激因素刺激而引起疾病暴发，同时基因缺失弱毒疫苗注射带有野毒潜伏感染的动物时，由于活病毒之间发生基因交换和重组的可能性，加上种猪饲养的时间长（3~4 年），因此，这种可能性和概率就会增大，而且国内外都有因注射弱毒疫苗而引起伪狂犬病暴发的例子。因此，在西方发达国家如德国严格规定种猪只允许使用灭活疫苗。美国在其伪狂犬病的根除计划中，也规定种猪只允许使用灭活疫苗。根据以上这些特点，因此，我们建议在我国种猪也只能使用基因缺失灭活疫苗。我们专门研制了针对种猪用的单基因缺失浓缩灭活疫苗。尤其是单 gG 基因缺失灭活疫苗对病毒的免疫原性几乎完全没有什么影响。因为 gG 是病毒的非结构蛋白基因，gG 蛋白是病毒繁殖时分泌到细胞培养的上清中与病毒免疫原性无关，该基因缺失后，对病毒的免疫原性没有什么影响，但又可以作为鉴别诊断。

育肥用的仔猪和架子猪可以使用双基因缺失的弱毒疫苗。基因缺失疫苗可用作于新生仔猪未吃初乳的超前免疫，也可用于断奶仔猪和生长育肥猪的免疫，可预防各种年龄猪的伪狂犬病，具有明显的促生长作用。由于育肥猪的生长周期短 6个月左右，因此不存在病毒重组变异和返祖的危险。

● （一）种猪及种猪场伪狂犬病的根除计划●

在没有使用过疫苗的猪场，先作普遍血清学检查，如果发现血清学阳性猪，最好是能将血清学阳性猪与血清学阴性猪分群饲养。然后将血清学阳性猪和血清学阴性猪都用基因缺失灭活浓缩疫苗注射，所有猪普遍注射一次疫苗后，间隔4~6周再加强免疫一次。以后血清学阴性猪群按每半年注射一次，血清学阳性猪群每4个月注射一次，然后每半年进行一次血清学鉴别检查，凡是注射疫苗血清学阳性的猪归为健康群，凡是野毒感染血清学阳性猪归为另一群，逐步缩小和有计划地淘汰野毒感染猪群，逐步达到完全健康无野毒感染的猪群。直到最后根除消灭伪狂犬病。

对已经注射过疫苗的猪场，首先将疫苗完全换成浓缩单基因缺失灭活疫苗。免疫程序按每个月注射一次。每半年进行一次血清学鉴别检查，逐步开始分群将基因缺失疫苗免疫血清学阳性猪视为健康群分开饲养，将野毒感染血清学阳性猪分为另一群分开饲养，逐步淘汰和缩小野毒感染猪群，最后建立完全健康无野毒感染的猪群。

以上述经过规则免疫后的种猪所生仔猪留作种用的仔猪在100日龄时作一次伪狂犬病普通血清学检查，凡是抗体阴性者留作种用。对检出的抗体阳性者作进一步的鉴别血清学检查，对野毒感染阴性者同样可用作种用，对强毒感染阳性者淘汰作为肥猪用，不能作为种猪用。对伪狂犬病抗体检测阴性猪和野毒感染阴性猪等留作种用的仔猪用伪狂犬病浓缩单基因缺失灭活疫苗在100~110日龄接种一次，再到130~140日龄时加强免疫一次，以后按种猪的免疫程序每半年注射一次浓缩基因缺失灭活疫苗。同时每半年抽血样进行一次鉴别血清学检查，如发现野毒感染血清学阳性猪应及时隔离淘汰处理，以保持猪群无野毒感染，安全健康。

对种用仔猪经上述检测，发现和分群隔离的野毒感染血清学阳性猪，立即注射灭活疫苗或基因缺失疫苗，最好是间隔 4~6 周注射 2 次，作为育肥猪饲养出栏。

以上是在种猪群和种猪场进行伪狂犬病根除计划的最佳方案。但考虑到我国养猪业的实际情况，一般猪场的养猪数量都已达到满负荷的程度，猪舍和栏圈都比较紧张，对采取隔离分群有困难时，此种情况在没有注射过疫苗的场先进行抗体检测，确定有无感染存在，或是已经注苗的场先将疫苗更换为浓缩单基因缺失灭活疫苗，再按前述的种猪及种猪场的免疫程序进行免疫。即抗体阴性猪首先作两次基础免疫，其间隔 4~6 周。然后每半年注射一次。如是野毒感染阳性猪群先作两次基础免疫后，再每 4 个月免疫一次，直至野毒感染抗体消失后，改为每半年一次。对已经免疫过的猪群，则将疫苗更换成浓缩单基因缺失疫苗就行。然后按每半年抽血检查一次。逐步缩小野毒感染的猪。这就是要比前述的采取分群隔离的措施达到净化根除的目的要慢一些。

对正在暴发伪狂犬病的猪场，种猪除进行两次间隔 4~6 周基础免疫外，种猪应在配种前注射一次，产前一个月加强免疫一次，均使用浓缩的单基因缺失的灭活疫苗。育肥猪用基因缺失弱毒疫苗进行两次免疫。如仔猪发病用基因缺失疫苗紧急预防接种效果显著。

对新引进的种猪，要进行严格的检疫，最好是要引进伪狂犬病抗体阴性猪或野毒感染抗体阴性猪，引到本场后，隔离饲养 2 个月，抽血样检查，抗体或野毒感染抗体为阴性者再与本场其他猪混群饲养。与其他猪群一样，每半年作一次检查。对于检测出的野毒感染阳性猪要严格隔离，注射疫苗后，看情况能否作为种用，最好是将其淘汰不作种猪用。

猪场要进行定期严格的消毒管理措施，最好是使用2%的氢氧化钠烧碱溶液或酚类消毒剂。猪舍、栏圈的清洗消毒最要选择气候干燥和具有阳光照射下进行，效果最佳。

猪场严格禁止养狗、养猫、养鸡，严格禁止狗、猫、鸡和其他鸟类及动物进入猪舍。在猪场内要进行严格的灭鼠措施。消灭鼠类带毒传播疾病的危险。

要严格禁止人员和车辆等进入猪场，避免因人员和机械带毒传播疾病。

在方圆1千米范围内的相关猪场都必须统一采取同样措施，因为伪狂犬病可在方圆1千米范围内通过空气传播。

● （二）育肥猪场伪狂犬病的根除计划 ●

上述种猪及种猪场的根除计划措施完全适用于育肥猪场。育肥猪场种猪的伪狂犬病根除计划措施与前上述的种猪的根除计划措施是完全一样的。不同的只是在育肥猪方面，首先应对育肥猪群在70~100日龄的猪进行伪狂犬病血清学检测，如发现有抗体阳性或野毒抗体阳性猪，所有的猪只都应注射疫苗。经过规则免疫的种猪所生的仔猪，一般在60~70日龄注射一次基因缺失弱毒疫苗，间隔4~6周后再加强免疫一次。一般情况下在育肥猪场种猪育肥猪都应进行免疫。如只免疫种猪，大量的育肥感染病毒，在那里大量增殖病毒并向猪舍内排毒，直接威胁着种猪，因而种猪的免疫效果受到影响。此外育肥猪感染伪狂犬病毒后，虽不表现出典型的临床症状和发生死亡，但可明显的引起呼吸道症状，增重迟缓，饲料报酬降低，推迟出栏，其间接经济损失也是巨大的。经实验室的动物实验和临床上的观察证实，感染了伪狂犬病毒的育肥猪群，注射疫苗与不注苗其增重相差约1/3。即注射疫苗猪比未注射疫苗猪在同等饲养条件下多增1/3，可见育肥猪应该进行伪狂犬病免疫的重要性。

二、猪瘟根除技术

猪瘟又称经典猪瘟（Classical Swine Fever，CSF），是由猪瘟病毒（Classical swine fever virus，CSFV）引起猪的高度致死性、接触性传染病，是严重危害全球养猪业的重要传染病。根据OIE制定的《陆生动物卫生法典》2007年版，CSF被列为必须报告的动物疫病之一。加拿大、美国和欧洲部分国家通过疫苗免疫、扑杀等综合防制技术措施已消灭了CSF。CSF在我国被列为"一类动物疫病"，作为一种计划消灭的重大动物疫病正受到我国政府的高度重视，目前我国对CSF的控制采取的策略是强制免疫、扑杀及综合防控措施。因此，不论是CSF基础领域还是防控策略研究，对我国CSF的净化都十分重要。

猪瘟持续感染，长期困扰着养猪业，制约养猪业发展，造成严重经济损失。特别是那些设备陈旧、圈舍拥挤、经营年限长、管理较差的猪场，母猪带毒比例较高，造成的损失较大。即使是一些新建的设备先进的猪场也会由于急于求成，从不同地方大量引进未经严格检疫的种猪，结果猪瘟随种猪携带而来。从第一胎起，猪瘟在本场便连绵不断，带毒母猪通过垂直传播和水平传播，造成猪瘟的持续感染，如不加以有效控制则愈演愈烈，造成巨大损失。为此必须做好以净化种猪群为核心的猪瘟综合防制。

典型猪瘟潜伏期5~7天，急性型和亚急性型患猪体温呈41℃以上，高热稽留，耳、腹下、四肢皮肤呈现紫色出血斑块，眼常有脓性分泌物，减食乃至绝食，先便秘后腹泻。有后肢麻痹、运动失调等神经症状。病程1~4周，病死亡率70%以上，耐过猪多成为"僵"猪。近些年典型猪瘟已很少见。

非典型猪瘟或温和型猪瘟是近些年猪瘟发生的主要形式，可分为以下几种类型：持续感染（亚临床隐性感染），猪感染猪瘟病毒但不表现临床症状，可持续向外排毒；母猪繁殖障碍（妊娠母猪带毒综合征）表现流产、早产、产死胎或木乃伊胎，不发情或不孕等；仔猪先天性感染（胎盘垂直感染），仔猪出生后，衰弱、拉稀便、陆续死亡；免疫耐受（免疫力低下），虽用合格猪瘟疫苗及正规操作进行免疫，但抗体仍达不到保护水平，猪瘟还时有发生。

猪瘟病毒仅对猪有易感性，不同品种、年龄和性别的猪均可感染。近年来，其流行形式已从频发的大流行转变为多地区散发性流行，有时表现为波浪形、周期性。尤其是大多数表现为温和型猪瘟，其临床症状显著减轻，死亡率较低，或呈亚临床感染。母猪发生繁殖障碍，导致长期带毒、散毒，成为猪瘟预防免疫效果差、反复发生以致暴发的重要原因。该病一年四季均可发生，但低温有利于病毒的存活与散播，气候多变等应激因素导致发病增多。10 日龄内及断奶前后发病最多，3 月龄以上发病减少，经免疫过的猪群仍有发病。近些年来，虽然在许多国家和地区分离到的一些猪瘟野毒与石门系强毒株和 C 株疫苗毒株之间在抗原基因上有不程度的差异，但经试验研究和生产实践证明，用 C 株毒生产的各种疫苗，对预防现今流行的猪瘟病毒仍然有效，应充分肯定。

猪瘟的净化是当前养猪业所面临的重大实际问题，也是控制猪瘟、消灭猪瘟的重要手段。同一猪场中各类猪群均可感染。控制和根除猪瘟采用全部扑杀的办法是不现实的，并且难于实行。我国在猪瘟污染猪场，实施以净化种猪为主的猪瘟综合防治技术措施是切实可行的。具体做法是一旦确认猪场存在猪瘟，立即实行净化，全场所有种猪逐头活体采集扁桃体，进行猪瘟荧光抗体试验法检查是否是猪瘟。一定要查抗原而不是查抗体，抗体的高低不能说明该猪此时是否带毒，只要检查出猪瘟抗原阳性（带毒）的猪，一律立即淘汰。每 6 个月检查一次，一般进行 3 次便可面貌一新，只需一年半的时间，猪瘟便可得到完全控制。

净化种猪群，净化后备猪群，消除传染源，降低垂直传播的危险，结合制定合理的免疫程序，采取综合性防制措施，猪瘟才能彻底控制和消灭。

按照准备阶段→控制阶段→强制净化阶段→监测阶段→认证阶段等五个净化程序，通过对 CSF 快速诊断试剂盒、疫苗毒株和致病毒株鉴别诊断方法的筛选和整合，免疫程序的调整，生物安全措施的综合实施。根据病原污染程度，将示范场分为严重污染场和一般污染场实施净化。

三、猪传染性胸膜肺炎控制与净化技术

猪传染性胸膜肺炎是由胸膜肺炎放线杆菌引起的猪呼吸系统的一种严重的接触性传染病。临床上以胸膜肺炎为特征。

多在冬季规模化猪场发生，以6周至3月龄仔猪最易感。饲养环境的突然改变，密集饲养，通风不良，气候突变和长途运输等因素可明显地影响发病率及死亡率的高低。随饲养管理条件和环境条件的改善而不同程度地降低。

最急性与急性型　猪群中突然几个猪发病，体温升高至41.5℃以上，不吃食，沉郁，有时轻度腹泻。后期呼吸困难，呈现张口伸舌，犬坐姿势，从口鼻流出泡沫样淡血色的分泌物，心跳加快，而口、鼻、耳、四肢皮肤呈暗紫色，往往于2天内死亡，个别猪未显症状即死亡。有些猪可能转为亚急性和慢性。

亚急性和慢性型　病猪食欲减退或废绝，体温39~40℃，间歇性咳嗽，病状逐步缓和。但是，有些慢性型或治愈的或是隐性感染的猪，在其他病原体感染或是运输等环境改变时，都可能使症状加重或转为急性。

净化方法：

防止由外引入慢性、隐性猪和带菌猪，一旦传入健康猪，难以清除。如必须引种，应隔离并进行血清学检查，确为阴性猪方可引入。

感染猪群，可用血清学方法检查，清除隐性和带菌猪，重建健康猪群；也可用药物防治和淘汰病猪的方法，逐渐净

化猪群。

药物防治要早期及时治疗，并注意耐药菌株的出现，要及时更换药物或联合治疗。一般首选药物是青霉素、氯霉素和增效联磺甲基异恶唑（新诺明），首次治疗必须选用注射方法，治疗量宜大一点，若结合在饮料和饮水中添加，效果更好。但注意用氯霉素时间不要过长；内服新诺明时应配合等量的碳酸氢钠（小苏打）。还可选用长效土霉素，得米先。

针对猪场情况，可选用传染性胃肠炎油佐剂活疫苗进行预防注射。疫苗在使用时可能有应激反应，发生此病时最好不要做预防注射，可能会促使发病。

第五节　疫病综合防控技术

一、主要细菌病药物筛选技术

（一）琼脂稀释筛选试验

抗菌药物的筛选，可在琼脂培养基中进行。为了测定微生物对某种抗菌药物的敏感性，常将定量的抗菌药物与琼脂培养基混和，再与被试验的微生物一起培养，经适当时间后，就能确定该微生物是否能在含该抗菌药物的培养基中生长。制备一系列含不同抗菌药物浓度的琼脂培养皿，就能确定抑制微生物生长所需要的最低浓度（最低抑菌浓度或 MIC）。这种药物稀释试验，在琼脂培养基中进行，所以，一般称为琼脂稀释法，这是为了与在肉汤培养基进行的肉汤稀释法相区别。但琼脂是一种天然产品，不同批号的琼脂实际组成有些差异，琼脂含有很多微量元素，它们可刺激或抑制微生物的生长。

因此，在没有一种完全合乎规定的合成凝胶物之前，琼脂培养基中所进行的筛药工作不大可能达到极好的标准化或具有完全的重现性。

● （二）纸片筛选试验●

在培养有待测细菌的琼脂平板上放入以恒定浓度的抗生素，容器周围的抑菌圈表示细菌对此抗生素的敏感性，抑菌圈的直径与检测菌的敏感性成正比。为了测定细菌对一种特定抗菌药物的敏感性，已经采用过各种类型的容器。可用玻璃或金属圆筒在琼脂中打孔来容纳选定浓度的抗生素，也可直接将含抗生素溶液的圆筒或药片置于琼脂表面上。但是，这些方法都有一定的随机性，可导致不同的结果，实用价值有限。自从应用浸润一定浓度的抗生素的干燥滤纸片以后，抗生素的琼脂扩散法敏感试验才为全世界范围所选用。

纸片法的简单性、快速性和广泛应用，导致了对影响抑菌圈直径的各种因素的研究。已经证明，滤纸片的效价、琼脂成分和浓度以及接种菌密度等因素，与各实验室所测抑菌圈大小不同有关。美国联邦政府药物管理局（FDA）已经建立了供参考的标准方法，世界卫生组织（WHO）抗生素委员会也提出了相似的标准规范。

微量液体稀释法：肉汤试验二倍稀释法测定抗生素的MIC，经受了时间的考验。近年来，在评价一种新技术及标准化的同时，对肉汤稀释法结果的重现性和精确性，及生物学变异因素对该方法的影响有了更多的注意。国际合作研究为此提供了资料依据，并积极地促进了现有方法标准化。

体外实验是筛选抗菌新药或测试新药抗菌性能的重要环节。药物对细菌代谢的影响，可以使细胞呼吸量减低，或酶系统受到抑制等，因而出现细菌停止生长或部分抑制，借以判断药物对细菌有无抗菌作用或抗菌范围。体外实验是细菌与药物直接接触，没有机体诸因素参与，故体外和体内实验的结果不一定完全一致，需要两方面综合分析进行评价。

二、疫苗使用效果评价技术

随着养猪规模化和产业化的发展，我国猪病流行日趋复杂，临床表现主要为多病原混合感染和继发感染。猪病防控的好坏直接影响猪群的生产成绩和养猪经济效益。猪病防控仍然要坚持预防为主的方针。预防是一种主动的、积极的、节约性手段，而治疗则是一种被动的、消极的、消耗性补救措施，再说，有些疫病也是无法治好的。疫苗接种则是预防和控制猪病最经济、最有效的手段，而疫苗接种的整体效果与疫苗质量密切相关。严格把控疫苗质量无疑成为猪病防控工作的重要环节，科学、客观、公正评价疫苗的免疫效果更是生产实际中不可回避的问题。

● （一）疫苗产品的审批●

任何一个正规的疫苗生产厂家，每一个疫苗产品生产前必须通过农业部严格审批，获得兽药产品批准文号，批准文号格式为（兽药生字）＋（xxxx批准年号）＋（xx生产厂家所在省、自治区、直辖市序号）＋（xxx企业序号）＋（xxxx

产品编号），如批准文号是兽药生字（2009）221011004 的产品，2009 是指农业部 2009 年批准或复核审批的，22 代表四川省，101 是代表四川省某生物制药有限公司，1004 是指细胞源的猪瘟活疫苗的产品编号，同类产品生产毒株不同或生产工艺不同，产品编号也不一样，如批准文号后 4 位是 1001 的产品是指用兔源脾淋组织生产的猪瘟活疫苗的产品编号。这一阶段的评价可称为疫苗产品的研究评价或注册前评价，包括实验室产品评价、中试产品评价和临床试验评价，由国家行业主管部门严格按法定程序进行。

● （二）对疫苗生产规程的要求 ●

　　疫苗厂家生产的每一个批号的产品，必须严格执行农业部要求的"批检制"和"批签发制"，按照部颁规程要求，对产品进行安检和效检，并报中国兽医药品监察所审核签发。这一阶段的评价可称为疫苗产品的生产评价或产品评价，由疫苗生产厂家严格按规程进行。

　　以上两项评价的重点在于疫苗本身质量的稳定性、安全性、有效性和可控性。要对疫苗的种毒、工艺、产品、抗体阳性率、抗体平均滴度、抗体持续时间、疫苗保护率等因素予以考虑。

● （三）猪场如何评价出厂的疫苗 ●

　　1. 污染指标的检测

　　病毒性活疫苗作为一个生物体，不可携带外源病毒。对疫苗中外源病毒的污染检测已日益受到业内有关专家和行业主管部门的广泛关注，因为含有外源病毒污染的疫苗，不仅影响疫苗免疫效果的表达，而且免疫接种过程就悄然成为了疫病传播的推手。近年来我国新发的外来动物疫病除进口动物引种检疫把关不严外，进口动物疫苗（特别是活疫苗）无疑也成了"进口"外来疫病并使之传播的"帮凶"。我国已有疫苗生产企业提出：猪瘟疫苗要确保支原体和牛病毒性腹泻病毒（BVDV）、猪圆环病毒（PCV）、伪狂犬病毒（PRV）、猪蓝耳病病毒（PRRSV）、猪细小病毒（PPV）、蓝舌病病毒（BTV）、轮状病毒（RV）等外源病毒零污染；伪狂犬疫苗要确保支原体和牛病毒性腹泻病毒（BVDV）、猪圆环病毒（PCV）、猪瘟病毒（CSFV）、猪蓝耳病病毒（PRRSV）等外源病毒零污染；普通蓝耳活疫苗要确保支原体和牛病毒性腹泻病毒（BVDV）、猪圆环病毒（PCV）、猪瘟病毒（CSFV）、伪狂犬病毒（PRV）、高致病性猪蓝耳病病毒（HP-PRRSV）等外源病毒零污染。据调查，具有相关机构、设备和人员等技术支撑的成都正大农牧食品有限公司和四川铁骑力士集团目前已开展了猪用疫苗部分污染指标的检测，对疫苗质量的要求比较严格。

2. 抗原含量的检测

在确保疫苗安全性高的前提下，抗原含量与免疫抗体水平成正相关。大多数病毒性活疫苗的效力是通过测定其每头份细胞半数感染量（TCID50）高低来评判，如伪狂犬活疫苗、猪繁殖与呼吸综合征活疫苗等；猪瘟活疫苗的效力检验则通过测定其每头份兔体感染量（RID）的高低来评判；猪乙型脑炎活疫苗是通过活病毒数量（蚀斑形成单位，PFU）来评判，有些细菌性活疫苗是以活菌计数（菌落形成单位，

CFU）来评判，如仔猪副伤寒活疫苗。目前，成都正大农牧食品有限公司和四川铁骑力士集团开展了猪用疫苗抗原含量的检测，而且对所用疫苗实行"批检制"，确保所用疫苗抗原含量的相对稳定。

● （四）疫苗免疫效果的评价 ●

免疫效果评价可称为疫苗产品的应用评价或使用评价，包括疫苗质量、影响因素、免疫学反应（体液免疫和细胞免疫）、流行病学调查、免疫效率、经济效益等综合评价。此评价的重点在于疫苗免疫后，其免疫措施的影响、安全、效力和效果。要对疫苗质量、猪只健康、卫生状况、生态环境、流行病学状况、免疫程序和饲养管理等因素予以考虑。猪场业主往往对疫苗评价，只关注疫苗免疫后某一特定时点的抗体水平，有技术支撑的猪场自行检测，没有技术支撑的猪场则委托相关机构检测。

● （五）影响免疫效果的因素 ●

猪群接种疫苗后，仍然出现相应疫病的临床表现、亚临床感染或持续感染等免疫失败现象，一些中、小规模猪场业主常常简单地把免疫失败归咎于疫苗质量，而忽略了造成免疫失败的其他因素。在排除疫苗质量本身的原因外，应从以下诸多因素予以分析。

1. 疫苗的储存及运输、免疫方法等都会影响到疫苗的质量和免疫效果

活疫苗应在冷链条件下储存，储存温度越低，保存期越长，运输应有冷藏包装，疫苗稀释后应在 3 小时内用完；灭

活疫苗应在2~8℃储存,切忌冻结。大多数疫苗是采用肌内注射方法免疫,有些疫苗可采用口服,口服免疫应增加剂量(2~4倍),如仔猪副伤寒活疫苗、败血链球菌活疫苗等,喘气病活疫苗应采取胸腔或肺内注射免疫,胃腹轮三联活疫苗应于后海穴注射免疫。

2. 母源抗体的干扰

首免时没有检测母源抗体水平(本底抗体),免疫程序不尽科学、合理。

3. 疫苗间的相互干扰和影响

有些疫苗(特别是活疫苗)是不能2种以上同时免疫接种的,蓝耳病活疫苗免疫接种后需间隔10天以上才能接种猪瘟活疫苗。

4. 免疫抑制病的影响

猪瘟、蓝耳病、圆环病毒病、附红细胞体等病都会损害猪的免疫系统。特别是猪瘟、蓝耳病、圆环病毒病对猪免疫系统的损害最为严重,它们可破坏猪只淋巴细胞,使抗体产生受阻。

5. 操作不规范

针头选择不当,注射接种不到位。

6. 不同公司提供的试剂盒,其检测结果也有较大差异,其特异性、敏感性和符合率都不尽相同

而国产猪瘟正向间接血凝(IHA)监测试剂盒的符合率最低,规模猪场猪瘟免疫抗体监测几乎不使用此方法。

7. 其他因素

猪群应急反应大,饲料发霉变质、霉菌毒素含量过高导

致猪只出现免疫抑制；猪只饮用水质差、猪舍布局不合理、猪只密度太大、空气流通状况不好、仔猪保暖措施不到位、环境卫生状况差等因素，都可能引起猪群免疫功能下降；免疫接种前后 5～7 天内使用抗菌、抗病毒药物也会影响猪的免疫应答。

●（六）科学评价疫苗免疫效果●

疫苗出厂前的质量把控由生产企业本身和其行业主管部门严格监管。有条件的规模猪场要把疫苗的污染指标、抗原含量指标的检测工作列入议事日程，最好能推行疫苗产品污染指标和抗原含量指标的"批检制"。对疫苗免疫效果评价的理解不能过于狭义，不能只注意对疫苗本身的质量评价，而忽略了疫苗免疫效果与多种影响因素相关性的综合评价，更不能简单地将免疫后某一特定时点的静态抗体水平和抗体阳性率的检测标准作为唯一的评价指标。因为在诸多因素的影响下，抗体水平和抗体阳性率会发生变化，它们是一个综合效应的动态过程。因此，疫苗免疫效果评价方法和指标应充分关注多因素相互影响的动态趋势。

三、猪场生物安全保障技术

所有的猪舍必须用高压水龙头彻底清洗干净，猪舍中所有的工具，如电扇、料槽、扫帚等都必须清洗。

所有的猪舍必须用能杀死主要病原的广谱消毒剂消毒。

猪舍之间互不相通，以避免大、小猪间的交叉感染。不建议在猪舍下面建粪池。

当不同日龄的猪养在同一猪场时，对猪的看护（喂料、打扫）必须从最健康的猪开始（通常是最小的猪）。在衣服、靴子未经适当的清洗和消毒前，工人不可以从大猪舍再回到小猪舍。

工人进猪舍时必须始终穿干净的衣服和靴子。与肥育猪或种猪接触过的人，必须洗澡后方可进入断奶猪舍或育肥舍。

非必要的人员不得进入猪场。参观者必须遵守防疫制度。

保证猪场人员不与外面的猪群接触。

与其他养猪单元离得越远越好，断奶猪舍应建在离母猪舍至少 100 米外的上风处，因为这些猪仅在这部分猪舍中饲养 3 个月，这个隔离距离可以满足维持猪生长期健康状况的需要；增加种猪舍与保育舍之间的距离将减少疾病传播的危险。因此，这个距离应视具体情况而定。

采取积极的措施控制老鼠、苍蝇和流浪的动物。一旦出现老鼠，应使用灭鼠药来消灭和控制它。

外界的车辆（如运饲料或油脂提炼厂的车）不得进入，除非经过清洗、消毒。

死猪应放在猪舍外让化制厂的车取走，或立即处理。

装卸车设备应放在猪舍防护带以外。

猪舍温度、密度、湿度、清洁度必须达标，猪舍空气中的有害气体，不能超标，防止一切应激因素，确保猪只健康。

引种必须来自无病、安全的种猪场，不能从多个猪场引种，新引入的种猪应隔离 30 ~ 60 天。

猪舍外围应建防护带，以隔离不必要来访的人、宠物和野生动物。

生物安全体系是多层面的，生物安全措施是多方面的，这里仅是扼要地涉及了一些有关人员、车辆、生产过程、猪场设备、消毒、免疫、药物预防和环境控制等方面的问题，尚未提及和遗漏问题还有不少，不足之处将在养猪实践过程中不断完善和更新，但任何降低生物安全性的做法都会增加疫病传播的危险性或失去隔离饲养的优越性。

第六节 营养优化技术

一、饲料原料质量保障技术

原料质量是饲料产品质量保证的前提，成品营养成分质量差异与原料质量的差异关系密切。据原料品种、加工方法和质量等级等因素对原料成分和质量的影响，加强原料采购的科学管理，采购饲料生产所需要的消化率和营养水平的原料，是保证原料质量、生产合格产品的前提。

●（一）原料采购●

制定合理科学的采购流程，保证采购到质量、价格、数量符合要求的原料。避免独家采购，从需求计划、采购计划、采购认证、订货到采购管理实行货源组织权、订货审批权、质量验收权相对分离，互相监督制约、公开透明。

健全原料采购质量控制体系。主要包括原料质量的采购程序与标准、原料的接收、检化验操作规程及原料的贮存、使用情况检查等质量保证体系。标准的制定要具有科学性且符合实际要求，可据行业标准、企业标准，因地制宜制定。

科学选择原料供应商。制定供应商筛选综合评价体系，选择信誉度、可靠性、产品质量、质量控制体系的完善度、资质、设施设备能力好的供应商。

严格按规定实施采购。原料和饲料添加剂等符合相关质量标准，杜绝采购国家明令禁止的饲料添加剂或药品，产品质量价格多作市场调研，保证质量的前提下控制成本。

● （二）原料接收 ●

仓库保管员按质量标准、规格要求等接收货物。首先查对包装、清点包装件数，并核定其真实重量；通过感官（眼、鼻、口）感觉到原料的物理性状，如色泽、气味是否正常、是否有杂质、是否霉变、原料的饱满度、均匀性是否正常，含水量如何等，可以初步确认原料质量是否符合要求，可与正在使用的同类产品相比较，初步判定原料质量；拒收初步感官检测不过关的原料。

严格按照抽样程序要求科学抽样，及时对样品送检，进行理化分析，对原料进行蛋白质、脂肪、钙、磷、水分、杂质等常规指标检测，特别要控制原料水分，保证饲料质量，安全贮藏。大宗原料的水分一般在13%以下，微量组分的水分和干燥失重应在标准要求以下，特殊饲料应根据需要确定，同时进行霉菌毒素的检测，确保原料质量。

● （三）原料贮藏 ●

原料库实行专职管理。原料贮藏注意防虫防鼠，尽量避免受高温、高湿、霉菌及其生物的影响。物料堆放应整洁、有序，定期进行清理和检查，定期熏蒸。原料入库后应及时登记、挂牌，标明产品名称、接收日期、制造商名称、送货单位名称、包装件数、包装规格、号码或批号、接收人员的签字、有关破损包装或其他问题的意见、产品的生产日期和保质期等。原料应分类垛放，垛间留有间隙通风防潮，原料出库先进先出。

药物性原料和添加剂类原料应分开贮存，微量原料应贴标签放固定的容器内，避免混淆和交叉污染，环境保持整洁卫生，该贮存区应远离日常加工操作线路并在正常的环境下贮存。坚持每天进行药品和微量原料的盘存，根据配料批次记录比较理论用量和实际用量，减少使用失误，避免超量使用导致中毒等质量事故的发生。

原料贮藏注重定期盘点。盘点过程中注意监察质量问题、用量问题、账实相符与否问题等，及时发现贮存、使用问题，尽早纠正处理以减少损失。

二、液态饲料饲喂技术

传统家庭养猪的液态饲喂方式，不能适应大规模集约化养猪要求，逐渐被配合饲料干喂代替。最近液态饲喂方式开始重新应用并得到发展。现代食品工业的副产物多为液态，直接排放会污染环境，这些液态副产品是养猪企业廉价饲料。目前许多国家都在利用液态食品工业副产物喂猪，现在液态饲喂正朝利用人工控制发酵过程的发酵液态饲料方向发展。当然，这种体系不完全等同于传统的液态饲养，也有别于现在的干/湿饲喂系统。

液态饲料的粒型是粉状、粒状饲料，具有许多优点。悬浮技术的应用使液态饲料的生产具有更大的灵活性。我国的液态饲料加工还是一项新兴技术。液态饲料能提高猪对养分的消化率，减少猪呼吸道疾病的发生率，是因为液态饲料相对干饲料的原料粉碎粒度要小得多，增加了接触消化酶的表面积，提高水合速度，从而加速消化酶的渗透，提高饲料原料中酶的活性；混合均匀，适口性好，避免猪挑食，减少粉尘进入猪呼吸道。液态饲料还可改变日粮的理化性质和生物学构成，对猪健康和生产性能有重要作用。

　　断奶仔猪由于其消化系统还未充分发育，受断奶应激的影响，难以消化、吸收以籽实和植物蛋白为基础的典型断奶日粮，饲喂液态饲料可改善肠道的健康和生理功能。由于液态饲料适口性好、混合均匀、营养均衡、可避免仔猪挑食，因此，可提高仔猪的采食量，改善仔猪的生长性能，减少死亡率。液态饲料成为饲喂断奶仔猪的最佳选择。育肥猪阶段，液态饲料饲喂提高了采食量和日增重，改善了饲料效率和猪体内环境。如液态氨基酸、酶和食品工业副产物的运用。一方面降低了食品工业副产物造成的环境污染；另一方面减少了饲料配方的成本。液态饲料可以提高哺乳母猪的干物质采食量，提高生产性能。怀孕母猪采用液态饲料，因饲料体积大，使胃有一种饱腹感，保持怀孕母猪的安静。

　　发展和推广液态饲料应用技术的需注意如下事项：①制定出更科学合理的配方；②研究开发出可靠、高效的液态饲料加工设备和饲喂设备；③大力推广规模化养殖技术，建立现代化的养殖场和饲料厂联系网络，利用管道进行饲料运输；

④向液态饲料中加酸、加酶或接种益生菌发酵，提高养分的消化率，真正替代抗生素，实现绿色饲料。

三、农副产品资源高效利用技术

我国农副产品资源十分丰富，植物的茎叶、秸秆、荚壳、糟渣等都可通过相关技术处理作畜禽饲料开发利用，变废为宝，物尽其用，经济效益显著，发展前景广阔。如稻谷的副产品稻草、谷壳、米糠均可加工成饲料，饲喂生猪等。

● （一）生物发酵技术利用●

将微生物制剂混入稻草粉、玉米秸秆中，通过微生物发酵转化制成菌体蛋白饲料，提高了稻草、玉米秸秆的利用率，此种方法制作的饲料含有蛋白、粗脂肪及多种维生素，使用该饲料50%以上制成混合饲料可使猪日增重300克左右。

● （二）膨化技术利用●

含水率30%～35%的稻壳在压力1.4～1.7兆帕，温度200℃条件下，急剧解除压力，改变稻壳原有的坚硬组织结构和性质。膨化后的稻壳于猪饲料中添加10%进行喂养效果显著。

四、减少污染物排放的饲料添加剂应用技术

猪粪尿中的氮元素是造成环境污染的主要物质。利用氨基酸平衡低蛋白日粮能够显著减少氮的排放。规模化生猪养殖场，排入环境中的氮在70%以上。减少氮排出量最有效的

方法是在保持日粮氨基酸平衡，满足猪生长发育需要的前提下，降低日粮中蛋白质含量。初步估算，万头猪场年粪尿的排泄量约 3 万吨，采用低蛋白日粮技术后，粪尿的排泄量减少约 7 000 吨。

集约化畜牧场排出粪便中磷同样污染环境。磷在动物生长发育过程中起着重要作用，如与钙等物质共同形成骨骼和牙齿以及以磷酸根的形式参与各种生命代谢活动。植物性饲料原料中 60% ~ 80% 的磷是以植酸磷形式存在的，饲料中添加植酸酶能够减少磷的排放。猪饲料中通常含有大量米糠、麦麸、棉粕和菜粕，植酸磷的含量一般可达 0.25% ~ 0.4%。由于猪体内缺乏植酸酶，所以猪对饲料中植物性磷的利用率低，大部分磷将随粪便排出体外，严重污染环境。在饲料中添加植酸酶减少了集约化畜牧场排出粪便中磷对环境的污染。

饲料中铜、锌的大量使用所导致严重的环境污染问题。有机微量元素的合理使用可减少矿物质的排放。传统微量元素添加剂不能被动物充分利用随粪尿排出，造成环境污染。有机微量元素物质代替无机微量元素是行业发展的必然。随着各国对畜禽养殖重金属的排放进行严格限制，有机微量元素物质迅速成为当前国内外养殖的首要选择。比传统使用普通高铜、锌、铁饲料提高猪生产性能、饲养经济效益。

五、干湿料饲喂技术

●（一）干湿料饲喂的方法主要包括●

人工操作法：在料筒或料槽中将干饲料与水直接混合后

饲喂生猪，这种人工勾兑的方法操作简便易行，适用于农村小群饲养或散养户。

机械操作法：机械化干湿料饲喂设施可节约人力，减少饲料浪费，增加饲料摄入量，而且可增加猪的采食频率，饲喂效果较好。大、中型猪场的生产中可推广应用此技术。市场上已有干湿喂料器或料水混合罐等用于干湿料饲喂的机械产品出售。

微生物发酵法：将饲料与水按一定比例混合后，接种有益微生物（乳酸杆菌、酵母菌等）发酵。饲喂时取出发酵料再配以其他精料，加水调制成湿喂料饲喂生猪。这种方法较适用于小型猪场。

● （二）干湿料饲喂技术应注意以下事项 ●

断奶仔猪干湿料中，干物质浓度要适宜。适宜的干物质浓度有利于进一步减小干湿料对断奶仔猪胃肠道的刺激。母猪常乳的干物质浓度为20%左右，所以仔猪刚断奶时湿喂料的水与饲料比在5：1左右时效果较好，随着仔猪日龄的增加可逐渐提高干饲料的比例。

确保营养充足。良好的湿喂料必须能给猪只提供充足的蛋白质、能量、矿物质等营养成分，所以用于配制干湿料的干饲料原料需要有很高的营养浓度。

保持料槽清洁。采用发酵法配制干湿料时，每次喂料后料槽中残留饲料的影响不大，因为剩余的饲料中仍有大量的有益微生物，不会霉变。但用其他干湿饲喂方式时，需要经常清扫料槽，防止霉菌等有害微生物引起剩余的饲料腐败变质。此外，冬季喂料预先将水加热，防止冷应激。

第七节　猪场生产管理与环境控制技术

一、猪场粪便多阶段静态通气堆肥与污水厌氧发酵处理后农田利用技术

猪粪多阶段静态通气堆肥方法包括堆肥物料贮存车间、高温发酵车间、中温后熟车间和安装除臭设备的堆肥除臭车间等部分组成。猪场每天收集的粪便按照适当的比例与辅料混合，存放于堆肥物料贮存车间，粪便混合完成后，一起转入高温发酵车间进行发酵处理，7 天后转入下一高温发酵车间进行第二周发酵，依此类推，高温发酵 4 周后，将堆肥混合物转入中温发酵车间进行发酵后熟，一个月后转入第二个中温车间再后熟一段时间，猪粪变成棕褐色，质地松软，微酸，堆肥过程结束。

猪场污水经过厌氧处理后，血吸虫卵、钩虫卵、蛔虫卵的沉降率在95%以上，可作为液体肥料直接通过田间布设的管道或使用液肥施用设备用于农作物、牧草、蔬菜和果树种植，液体粪便的施用量应根据土壤肥力、作物种类及其预期目标产量，并结合厌氧出水中的氮、磷养分含量进行施用，施用不宜过量，以避免过度施肥导致环境污染。污水厌氧处理后亦直接干燥，干燥后的固体作为有机肥农业利用。

二、猪舍换风管理技术

不同生长阶段的猪群，最适的生长温度、所能耐受的最

高温度和最低温度不同。所以生猪生产过程中，必须注重猪舍的通风换气工作。其目的：①在气温高的夏季通过加大气流促进猪的散热使其感到舒适，以缓和高温对猪的不良影响；②可以排除猪舍中的污浊空气、尘埃、微生物和有毒有害气体，防止猪舍内潮湿，保持舍内空气清新。即使在冬季条件下，猪舍仍需通风换气，也就是为满足此目的。

猪舍的通风模式有：①自然通风。设进、排风口（主要指门窗），靠风压和热压为动力的通风。②机械通风。靠通风机械为动力的通风。封闭舍必须采用机械通风。

自然通风和机械通风各有优缺点：自然通风节约能源、成本低廉，不会受到停电等突发情况的影响，但不能进行有效控制。机械通风能源消耗较大、成本高，受停电等突发情况影响较大，但可对通风状况实时控制，如果出现问题可以及时干预，可以适应各类地区的自然条件。现代规模化养猪，一般采用机械通风模式。而机械通风又分纵向通风和横向通风两种模式。纵向通风是风沿猪舍纵向流动的一种机械通风方式。采用纵向通风方式，舍内风速大，气流分布均匀，且可配合水帘使用，降温效果较好。

三、猪舍环境质量监测与控制技术

猪舍环境质量的好坏直接影响生猪生产性能和健康，必须对猪舍内环境质量进行监测并进行有效控制。猪舍内的环境质量受温度、湿度、风速、二氧化碳、氨气、硫化氢、粉尘和微生物等多种因素的影响，目前，国内外普遍使用温度、湿度、二氧化碳、氨气和硫化氢传感器，在舍内中心位置放置传感器，可对舍内的相关指标进行监测；对于猪舍内的风速、粉尘和微生物指标，采用便携式风速仪、粉尘仪和微生物菌落计数等方法对以上指标在某个时间点、时间段的数据进行测定。

猪舍环境质量的诸多影响因素中，以环境温度对生产的影响最为突出，为避免气温骤变和夏季高温对生产造成不利影响或巨大的经济损失，必须采取适当的措施对猪舍的高温进行控制。由于猪日龄不同，对环境的要求有差别，相应饲养工艺和猪舍结构也有所差别，因此，应根据不同猪舍采取不同的降温技术，才能系统地解决猪场的夏季降温问题。

保育舍纵向通风技术。保育猪舍内猪日龄较小，对温度的要求相对较高，因此，夏季高温对保育猪的影响不大，极端高温时，只需对保育舍进行密闭，采取全面纵向通风方法，可满足保育猪的降温需求。

分娩舍全面通风与滴水相结合降温技术。分娩猪舍内有母猪和仔猪，由于仔猪和母猪的环境温度要求悬殊，可采取全面通风与滴水降温相结合的降温技术。仔猪通过采用与保育舍相同的全面纵向通风方法解决其降温问题，为满足母猪的降温需求，采取滴水降温的局部降温技术对母猪进一步降温，以满足其较低的环境湿度需求。

开放式猪舍通风降温技术。生长育肥猪舍等开放式猪舍，可采用通风降温多用冷风机，冷风机在送风同时能喷出细雾，高速风使雾粒在落地之前蒸发，吸收空气中的热量，实现降温。在进行降温的同时，也有降尘和除臭的作用，可全面有效提高猪舍内的环境质量。

四、后备种猪隔离驯化技术

后备种猪培育期的生长管理和疾病控制对其发挥生产潜能意义重大。故应加强后备猪群阶段的隔离驯化培养工作。相关技术措施如下。

● (一) 独立建设后备猪培育舍 ●

猪舍必须带有保温保育设施，转入的断奶后备猪应分批进行病毒检测、驯化、测定、免疫，直至通过诱情发现第一次发情。方可转入母猪群。后备猪培育舍独立通风，与母猪舍需要保持安全间隔，但不可太远。科学设计后备猪舍是控制疾病的关键措施。

● (二) 后备猪的选择 ●

按时对后备猪进行选留：首选在保育期末；二选四月龄时 (55 千克左右)，三选在 6 月龄 (90 千克左右)；四选在配种前。选留数量是计划留种的 2 倍，首选至二选期间，猪表型变化很大，需要淘汰一大部分，因此需留够初选后备猪。根据育种值、生长速度等选择后备猪，外观评分顺序为：外阴、乳头、后蹄、后肢、前蹄、前肢、身宽、身平长，外阴大不上翘，乳头选择 6 对以上间距合理、发育良好。肢蹄关节不要太直、间距合理便于起卧。不能选留有遗传缺陷的猪。

● (三) 加强后备猪饲养管理 ●

后备母猪发育时期，饲喂全价蛋白饲料，保证后备猪骨骼和肌肉得到充分发育，有条件的可饲喂一些豆科牧草，生长速度控制在 9 月龄体重 120 千克左右，可用限饲的方法控制体重，以防配种时过肥。影响受胎率。做好猪舍卫生消毒工作，用具、食槽等定期消毒；定期驱虫和预防接种；加强运动促进发育，保证体型匀称、结实。后备母猪采用小群饲养，每圈 5 头左右为宜，加强调教，让猪愿意接近人，便于将来配种和接产工作便利进行。

五、早期断奶技术

　　仔猪早期断奶是将仔猪断奶日龄由原来的 21 ～ 28 天提前到 10 ～ 17 天。早期断奶仔猪放在隔离无病原的清洁环境中饲养。可有效地防止母猪垂直传染给仔猪疾病或猪与猪之间的水平传染。断奶日龄越早，断绝病原体疾病的机会越高，但对饲养管理水平要求相应增高。生产实践证明仔猪早期断奶是一种利用最少量疫苗和抗生素防止由母体感染许多疾病、生产出健康优良仔猪的方法，能效防止母仔疫病垂直传播，提高育成率，缩短肥育期。

● （一） 仔猪早期断奶安全措施●

　　仔猪早期断奶成功与否，生物学上洁净的猪舍是关键，应彻底冲洗、消毒，具体措施如下：①猪舍及其所有设备要彻底冲洗。用多种消毒剂，反复多次消毒，包括地面、栏舍、空气等，分别采取不同方式进行，烧碱浸泡，碘制剂喷洒，福尔马林和高锰酸钾熏蒸等。②不同日龄的猪群要分离饲养，以免造成交叉感染。③防止鼠类、鸟类进入隔离猪舍。④病猪要隔离，死猪要深埋或焚毁。⑤饲养人员要穿防疫服装，不能随便串栏；非工作人员严禁进场，或经彻底消毒后方可进入猪场。

● （二）加强断奶仔猪饲养管理●

早期断奶仔猪的饲养管理，必须抓好如下措施：①吃好初乳：早期断奶仔猪饲养管理的关键是确保每个新生仔猪吃到充足的初乳。饲养员应帮助虚弱的仔猪接近母猪乳头，吮吸母乳。②补充铁质：母乳不能满足乳猪需要量的铁，需要给乳猪补铁，否则会引起贫血，甚至导致死亡。③充足饮水：仔猪出生的第一天就提供饮水，且确保水质。④保温：初生仔猪体温调节机能不完善，应采取保温措施。初生乳猪环温度 32～34℃，仔猪断奶第二、三天使用红外线保温灯泡，然后每 2～3 天降低 1℃，直至降到 28℃ 为止。⑤全进全出：早期断奶仔猪要采取全进全出的管理方式，断奶时按原窝不变，保持 10～15 头/栏。

● （三）早期断奶仔猪的饲料●

为确保早期断奶仔猪生长需要，需给其饲喂代乳料，它对于减少早期断奶仔猪体重下降，提高日增重具有重要作用。当前市场上供应的代乳料主要有人工乳和脱脂奶粉。饲喂早期仔猪时，可以用稀料或粉状人工乳 30%～50% + 颗粒状人工乳 50%～70% 拌和投喂。

● （四）早期断奶仔猪的免疫和保健●

结合疫病流行情况，抓好猪病疫苗的免疫，7 日龄肌注蓝耳疫苗；14～16 日龄肌注圆环疫苗；21～23 日龄肌注支原体苗；25～27日龄肌注猪瘟苗。加强哺乳仔猪保健在1日龄和7日龄进行补铁，防止缺铁性贫血；并在1日龄肌注高效抗生素，防止黄白痢等肠道疾病发生；为预防肠道疾病，因腹泻脱水，可以口服补液盐或饮水中加入电解质多维和水溶性氨基酸等。

六、全进全出饲养工艺

"全进全出"是生猪从出生开始到出售整个生产过程中，养殖者通过预先的设计，按照母猪的生理阶段及商品猪群不同生长时期，将其分为空怀、妊娠、产仔哺乳、保育、生长、育肥等几个阶段，并把在同一时间处于同一繁殖阶段或生长发育阶段的猪群，按流水式的生产工艺，将其全部从一种猪舍转至另一种猪舍，各阶段的猪群在相应的猪舍经过该阶段的饲养时间后，按工艺流程统一全部一起转到下一个阶段的猪舍。同一猪舍单元或猪舍只饲养同一批次的猪，实行同批同时进、同时出的管理制度。每个流程结束后，猪舍进行全封闭、彻底的清洗消毒，待空置净化后，按规定时间再开始转入下一批猪群。

在我国猪生产实践中，多采用"单元式"全进全出为主。"全进全出"饲养工艺需要强调的是：同一批猪同时转进或转出，中途可以淘汰，但绝对不能交叉，也不能有一头停留；每周转群必须确定到每周的那一天，上午或下午都要确定，且原则上不变，定时转栏。"全进全出"是现代化养猪的饲养工艺，更是必须遵循的生产原则。

七、多点生产管理

"多点式"生产是猪生产实现猪群生物安全体系的关键措施之一。多点式生产是将种猪舍、保育栏、育肥栏分别建在不同的地方，并且相互之间独立运行，减少猪场内一旦发生传染病全场猪只都被感染的机会，某点出现问题比较容易进行消毒、清场、复养，不影响整个猪场的生产。按生产工艺可分为"二点式"（种猪+分娩、保育猪+育肥猪）和"三点式"（种猪+分娩、保育猪、育肥猪）各个点分别在不同地点的猪场饲养。

多点式生产工艺的正常运行需要合理地配置猪场资源、科学管理，既能统一安排生产各个环节、统一调配猪群、统一饲养标准、统一防疫制度，又能分隔管理、分群统计、隔离饲养、杜绝疫病传播。采用"多点式"的生产工艺猪群受各种潜在病原微生物侵袭的机会大大减少，具有较高的健康水平。

多点式生产切断传染病的传染链，减少了人员、器具的交叉感染，人为改变传染途径的环境条件，不利于疫病病原的传播，抑制病原的生长繁殖和蔓延速度，使之不能够迅速生长、繁殖。但多点式生产并未从根本上消灭病原，因此生产过程中必须同时配套实施疾病控制综合防制措施，才能起到事半功倍的效果，显示出它的威力，发挥其最大的效能。

八、公司＋农户养殖模式

"公司＋农户"养殖模式是指具有一定经济实力的畜禽养殖企业为核心，周围农户与公司挂钩合作养殖，公司为养殖户提供种苗、饲料、药物、技术及销售等一系列服务。合作过程中坚持风险共担原则。二者合作，既解决了公司大量生猪集中养殖带来的环境压力，又解决了农户养殖的后顾之忧和技术保障，最终实现共赢的目的。"公司＋农户"养殖模式核心是利益机制，各个利益主体是合同和信誉的基础上平等的交易关系，建立牢固的经济利益共同体，妥善协调处理各种利益关系，至关重要。

就公司而言，首先应考虑农户的利益。让利给农户，为农户提供技术服务和指导，产品价格下跌时的保护价收购，市场行情低迷时，对农户给予适当补贴。公司通过预收农户生产成本费获得流动资金，减少了生产环节和管理费用。实践证明，"公司＋农户"模式下，公司避免产品来源不足的风险损失，保证了充分稳定、品质统一的产品，实现规模经营，提高了企业竞争力，减少了采购费用；而农户免除了生猪"难卖"的风险损失，节约推销的销售费用，最终实现"双赢"。

参考文献

曹美花，宋辉．2003．生猪饲养与环境控制技术［M］．北京：中国农业大学出版社．

程德君，王守星，付太银．2003．规模化养猪生产技术［M］．北京：中国农业大学出版社．

李同洲．2012．养猪与猪病防治［M］．北京：中国农业大学出版社．

李文刚，甘孟侯．2002．猪病诊断与防治［M］．北京：中国农业大学出版社．

曲万文．2006．现代猪场生产管理实用技术［M］．北京：中国农业出版社．

王振来，路广计，钟艳铃．2010．养猪场生产技术与管理［M］．北京：中国农业大学出版社．

杨向东．2007．实用养猪技术［M］．杨凌：西北农林科技大学出版社．

杨中和，方旭．2005．现代无公害养猪［M］．北京：中国农业出版社．

张长兴，杜垒．2006．猪标准化生产技术［M］．北京：金盾出版社．

赵迪武，陈阳升，邹品阳．2012．生猪标准化规模养殖技术［M］．长沙：湖南科学技术出版社．